松湖草木

SONGHU
CAOMU

东莞松山湖宣传
教育文体旅游局
　编著

国家图书馆出版社

岭南花果香，松湖草木深。
鸟鸣松山湖，花重科学城。

序言

岭南生嘉木，隔夜江北诗。东莞以草而名，松湖以木而响。一个来自北方的诗人带着照相机在这里记录所见所闻、所思所念，犹如翻阅一部天赐之书，花开与叶落有了插图，风声与水声有了心声。大自然给予我们的爱好像空气，分分秒秒不可或缺，我们并非分分秒秒能够知恩感思。惊奇于世间万物的到来，仿佛皆为人类所预备。草木生，万物生。其实，唯有与自然共享共存，人类才有未来。自开天辟地至今大约45亿年之久。从地球演化的进程看，小草比人类早到了几亿年。人类是后来者，更是迟到者。敬畏自然正是人类自爱自强、自由自在的开端。

松湖的一草一木，不仅在镜头里历历在目，更在诗意中盈盈在怀。诗意的松湖之美，美在每一朵金色的黄花风铃木上，美在每一朵馥郁的七里香间。满树的菠萝蜜，那才叫沉甸甸的果实。满树的荔枝，那才配得上硕果累累荔枝来。雨打芭蕉，引得花开层层，结果串串。木瓜番外来，犹自岭南生。紫荆花开不止，木棉耸天而立。莲雾如心跳，透亮而纯粹。杨桃虽非桃，树上碧玉，落地似金。《诗经》草木，湖畔如歌：早春桃之夭夭，盛夏松针挂雨。竹林四季簌簌之声悦耳，棕榈岁岁婆娑之响动人。

松湖之胜景，在自然而然。草木不分四季，宛如美人不分南北。草

木之多样，环境之静谧，在国内高新区实属罕见。白茅摇曳，蒹葭苍苍。睡莲初醒，平湖如镜。荷花亭亭，诗在画中。风过池杉，白鹭翔集。蝴蝶与落花共舞，游人与流水相伴。貌似画中游，实则画中画。莞香树中飘逸，心香自在天成。没有大自然的启迪与昭示，人类的科学技术也就成了无本之木、无源之水。科技创新与制造高地，交映在这片松湖宝地之中。寸土寸金，而留给草木绿荫的空间，何止寸金寸土。这里的美景桥上桥下乃一景，不在屏幕上，就在窗外面。

自古以来，"天人合一"的理念是中国传统文化中的大智慧，也是人与自然相处的最高境界。可以让机器人、无人机从工厂里走出来、放出去，但你不可能将一朵山茶花"造"出来。工业文明无论多么了不起，归根结底，仍是向大自然学习的结果。道法自然，有了技术，也有了艺术。大自然是人类想象力的原点，也是其永恒的支点。唯有一草一木可以真真切切做得到"苟日新，日日新，又日新"。万物之广，宇宙之大，永远是人类的镜子，时时刻刻照出我们的渺小与狭隘。自然而自在，自在而自由。万物之乐趣之理趣藏匿于自然之中，要我们发现！它们不会直白地给我们看。

松湖小在一草一木，同样大在一木一草。松山湖是一座神奇的园林，美就美在较少的人工痕迹，更多的自然手笔。雕虫小技，不过人为；雕

龙画凤，皆为天成。随着工业文明的兴起与壮大，人类对自然的破坏日益显著。以草木为例，人类几乎成了它们的"天敌"。然而，对人类而言，一草一木皆为生命之源。没有草木的陪伴呵护，人类的未来不可想象。事实上，人类无法真正"保护"地球。要说保护，首要的是人类做到自我保护。植树养花，爱护身边的一草一木，就是爱自己，就是真正的趋利避害。作为一个自然摄影师，我愿意长久生活在松山湖畔，日出而作，日落而息，让我更为仔细地记录花开之盛大，结果之无尽。

是为序。

莫非

2024 年 6 月于北京

莫非，1960 年 12 月 31 日生于北京。诗人、摄影家、博物学者。20 世纪 70 年代末开始写作。曾参加诗刊社"青春诗会"。出版诗集《词与物》《莫非诗选》《我想你在》《而且没有征兆》《小工具箱》《莫非诗选（英汉对照）》以及博物作品《风吹草木动》《芃兰的时候》《逸生的胡同》《一叶一洞天》等。其中《风吹草木动》（北京大学出版社出版）获中国出版协会"2018 年度 30 本好书"和 2020 年生态环境部主办和推选的"第一届公众最喜爱的十本生态好书"等荣誉。自 1988 年开始，诗歌作品被翻译成 10 余种语言，在国外发表、出版。在国内外多次举办个人植物与自然摄影艺术展。现居北京。

目 录

春

夏

秋　　冬

植物

植物

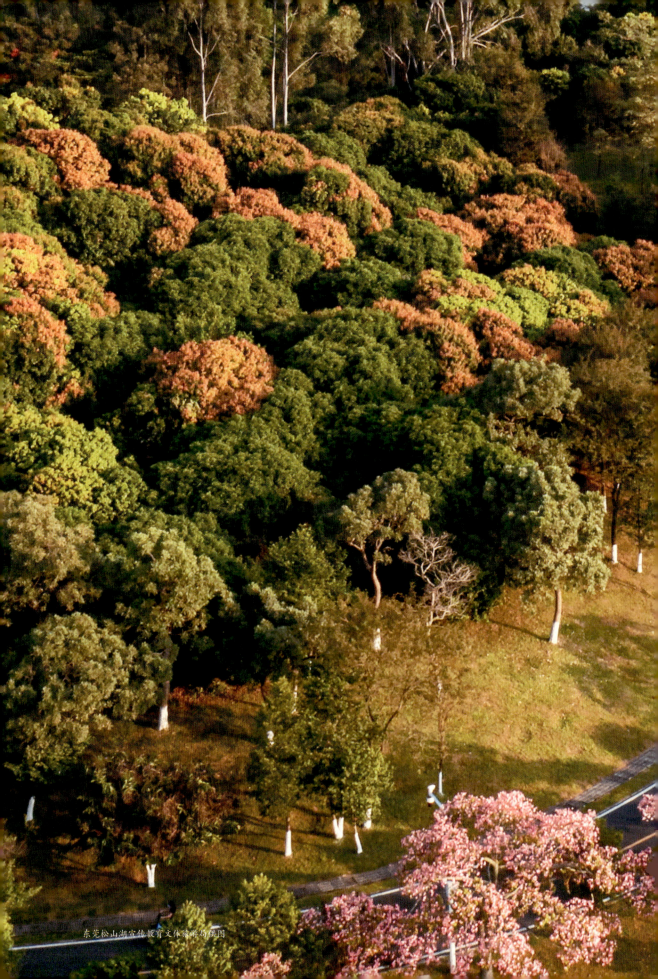

东莞松山湖宣传教育文体旅游局供图

春

SONGHU
CAOMU

新芽匆匆长满了老枝

东莞松山湖宣传教育文体旅游局供图

春天的树

树因花开而纷乱。新芽匆匆长满了老枝
新枝从冬芽里喊出来，也来不及多想

一个不指望的日子，带来突然的春色
新叶的脉络生动。云朵敞开连绵的口袋

天空扎起晾晒的绳子。冰雪从山上下来
一路化解一路歌唱。看万物皆有悲伤

春天的树下春草不争先后，只争朝夕
喜鹊搭窝泥瓦匠筑门户。春天蓬勃的树

花开在花上。春天的树没有其他指望
好活计都在春天的树上。千万年千万里

坐看天下雪。风起雨歇杨柳飞花摘叶
春天的树一阵爽朗的笑声，似无有来处

发芽的树

发芽的树有惊无险。发芽就赶上雨的雪
万物的萌发多么尖锐，低矮的小火苗

被大火领养。野草跟着发芽在不经意中
灌木已经滚动。田地上的秸秆响了响

种子活在泥土里。紧张的枝条绷得更紧
发条就要打开，冬天的力量不可分割

早春在迎接一场婚礼。云朵堆起云朵
绿眼睛的猫落在屋檐上，喜鹊花一样叫

发芽的树飞到树尖上。石头分毫不动
最初的芍药喂好了春天，就在一夜之间

不要漏洞填漏洞，不要枯枝比画天空
新芽透过雨声，山林抖擞出新叶的风声

开花的树

开花的树不一定是有结果的树。无花果
是一朵结实的花。围绕枝干不断壮大

跟一片桑田的身世相仿佛。开花的树
开到顶尖。春天是登着梯子上来的春天

看树下，青草铺陈仿佛一场婚礼刚过去
花开一朵不分喜鹊两枝。荒野那么美

仿佛率领十万种风情。而世界是一朵
最神奇的花，只见奇迹永远不知所以然

要花时间看花。而犹豫不决的人犹豫得
还不够还不想花时间。花都谢了几遍

不晓得为什么有开花的树，没有结果
有结果的树，一生开花好像没开花一样

梅树

梅花落在树间雨落入梅花。稀疏的枝丫
一样是雨的枝丫。从岭南很快到江南

很快一大片青草生在草中，花落树下
花落在雨中。风在琵琶上仿佛雨在弦上

在雨停的时刻，轻微的风声言犹在耳
雨在一阵风之后，落在花上更是一阵雨

万物的根本藏在细微处，不为众人所知
梅花看一棵不是梅花的树，开雨中花

花落雨中。一树不开花一树花隔夜开
一处开花到花深处，再等明日花开一处

花看见人看花，曾经的梅花落在此刻
花时间看横竖的枝丫秒变滴答，是梅花

茶树

好茶藏不住。不论什么地方、什么气候
总遇见嗜茶如命的人。芽在手中辗转

仿佛灵魂沐浴在灵魂里，肉身渐渐远去
整个下午沉溺于一片树叶。泉涌炉上

茶在山中。不是水流而是树叶一片荡漾
数着无数的冬日过去，数到了亮瞎的

一千零一叶剔透的茶盏。最初的草木
铺陈宛如欲滴之朝露，欢愉者无上欢愉

嫩叶的甘苦瞬间，打动了一个个早春
翻滚的清香驶入千峰万壑。山茶花开了

一棵树酿造的情形，像藤椅伸展开来
一叶不会障目，只是挡住了一生的悲凉

榆树

从榆树的方向飘过来。还不是一棵榆树
还不是的意思是，小小的榆树像青草

长出来的时间，让一棵树足够酝酿一生
落叶与万物血脉相连。榆树找来榆树

有风有水好地方。虫子吃掉一堆树叶
无数名号无法落到实处。鸟还在迁徙中

仿佛一棵榆树到了榆树的年纪，才懂得
榆树没有错。人山人海在榆树的上空

活脱脱一棵树。新枝纷纷生养榆钱儿
世上最不值的树就是榆树。榆树的疙瘩

把榆木桌子摆出来。春日明媚的街头
榆树隔开榆树，别的树在路边一阵晃动

木瓜树

很多不一样的木瓜。《诗经》的木瓜很小
也就是海棠木瓜，这与岭南的番木瓜

并无瓜葛。还有很多瓜不会长在树上
貌似形形色色，被一根折断的枯藤牵扯

在时间的荒地上，磨盘大的南瓜在盘旋
永远放不下的菜篮子，装满了的种子

漂洋过海是迟早的事情。人类很偶然
一连串的葫芦兄弟，乘着狂风暴雨而来

凶险的孤岛，仿佛帆船在树叶上飘摇
那里兔子撞不到木头，蜥蜴认不得麒麟

如同蝴蝶遇见庄子，木瓜抱着番木瓜
独自丈量一棵树，用珠玑交换一堆贝壳

桃树

桃花一开不止三千年。房前屋后的桃花
挑亮窗户。江南与河北的桃花没两样

桃花源里的桃花，不在山上不在树上
也不会被认错。去年和今年的桃花一样

总是第一次。山重复水重复而桃花不会
从桃之夭夭到逃之夭夭，桃花有了梗

仿佛命里桃花犯了什么大错。这世界
云里到了雨里。那些摘桃子的人匆忙中

不知来处。摘桃子的人被桃子丢下山
走投无路者终于有了归宿。有归宿的人

念念不忘。流水那么清那么远那么深
用不着洗刷。盲目的人看不见一片桃花

樱桃树

樱桃开花不为什么。结果不是为了曾经
开了满树的花。樱桃的每一天是春天

樱桃也没有先后。像回忆的人在呢喃
时间交织的一张网，罩着红了的樱桃树

一棵樱桃树罩着雪一样的花。雪一样落
在花开的荒草地上，樱桃树不问将来

春天尽管开花。满树的樱桃没少一颗
所有多出来的樱桃，让人咀嚼了再种下

樱桃总是要回到树上。仿佛春天依旧
一棵樱桃树上荡漾，往日蜂拥的枝梢上

绿了一片树叶红了一树樱桃，就这样
不为什么开花，不为结果才有了好结果

苹果树

苹果树花开迟了。苹果树想着结果的事
想着苹果又香又甜。回头看苹果开花

觉得异样而且不纯粹。好像所有苹果
纠结于好看抑或好吃。相对于人之初

苹果树碰巧是苹果。智者碰巧在树下
若苹果换了海棠，牛顿不会打这儿经过

苹果砸到苹果不稀见，从来没有谁注意
坏苹果跟苹果有什么关系。苹果花开

放出万有引力。自然给来客送上惊喜
树要结果果然就有，树要开花花就开了

从来无须解释。苹果落花看新枝展叶
苹果也不问青红，有在树上有在篮子里

13

海棠树

不分海棠和苹果，苹果海棠开一样的花
一朵花不看海棠和苹果。海棠在树上

没想过海棠花的事。海棠就在海棠那边
从小到大十八变。等到了海棠的时候

等结果随海棠。正如一个人做事随人
不知道因为所以，海棠做不到假装知道

海棠临街，荒郊野外的苹果不耽误什么
海棠不操心孰先孰后，花开还是不开

多少结果才算多。海棠并非总是海棠
当初扎根在苹果园，也是造物主的安排

海棠不分大大小小，如万物不管早晚
风不管吹到哪里，海棠花不管落在哪里

河边的树

河边的树看见水，却看不见自己的倒影
水可以看云朵经过，水是后来的云朵

回忆打乱了次序。河边的树清澈无边
树尖钻到水底，没有倒影的树不会长久

石头乱蹦乱跳挡不住。挡住流水的树
让风慢了一个时辰。水里的木桩那么深

树上的雨那么轻。白鹭在半空中停顿
没有划亮的星，如同没有流淌的一条河

万物终将是一粒尘，此刻如庞然大物
河边的树叶风生风落，远山永远在附近

背负天命的人在河边走着。每隔一天
一棵树就提醒一下，谁也没有一丝回应

燃烧的树

鸦雀吐露的话要当真。小火苗在青草里
泥土一样厚的落叶升起来。光芒普照

万物来袭。松树松开的种子瓣里啪啦
竹林开一大片花，留下一片敞亮的空地

一条大河拐弯逝者远去。生者更艰辛
仿佛火种汇入星辰，大地的根连通山海

五谷按照五谷的节气成长。人若不在
小兽不会跑得快，风中的树叶不会落下

琥珀不会暴露在手上。蝴蝶隐藏的火苗
在荒林点化枯叶。倏忽间孕育的精灵

布满明亮的灌木丛。细雨透明的枝条
让鸦雀一片寂静，仿佛松针掉在松针上

草中的树

青草在树下。被春天解冻的风如花在野
被捆扎的秸秆打开了。摇篮一样的水

晃动雪亮的石头无法入眠。青草在树下
斑鸠在洞口观望未来。山羊在峭壁上

看鸦在天边盘旋。人类的行踪若游丝
蜘蛛撒网捕猎。河道在曲折中照样东流

泥沙经过时间固积，让打麦场变得辽阔
屋顶树顶高低错落的村子，粗声粗气

结穗的玉米都长大了。枯叶层层卷起
被火舌点燃。一棵青草里的树裹着雨水

一棵树上的草带着风声。万物在扎根
朽木顺流而下，不知道开始不知道结束

春分之树

春分就是面包切开的。韭菜里什么都有
欢喜事伤心事什么都有。在两边开花

一棵树朝阳的一面给了风，给了冬芽
对面的人面对一棵山桃，只有一阵发呆

落水的种子不用担心，在哪儿一样发芽
一座桥在战栗中，拦在了芦苇的前方

生之短长拿死之长短做不了文章。仿佛
拉锯战在棋子的内部打响。楚汉相争

红与黑各有胜负。木头搭起来的房子
跑不了都在一个屋檐下。里里外外看看

不多不少的铺垫，敞亮的门对着山岗
从前一个样子后来一个样子，春分的树

夏

SONGHU
CAOMU

开花的声音留在回忆中

夏天的树

夏天只见树叶不见树木。不管远处近处
为我所用的并非为我所备，人类总是

一厢情愿至死不改。夏天的树呼风唤雨
鸟儿种下的小树大树，应比鸟儿更多

青草涵养山泉，滚烫的石头浇灌河流
枯叶飞一会儿成蝴蝶。蝴蝶再飞一会儿

便教会了智者作茧自缚。夏树多么繁荣
虫子就多么兴旺。这个世界若有害虫

也不在千千万万的虫子里。道理太简单
虫子不害怕。夏天的树不怕狮子和黑夜

更不怕雷电和老虎。夏树从来没有天敌
人早知道，树叶念念不忘沟壑必有回响

葡萄树

葡萄树几乎不是树。葡萄树提着马的奶
酸的甜的一直酝酿着。藤趴在架子上

是编织出来的梯子。阳光和葡萄树叶
从最高处垂下来。饥渴的葡萄树灌输了

更饥渴的孩童。指望葡萄树钻到洞里
畅饮生命最初的蜜。人与蚂蚁就在叶上

查看时间的脉络。酒神忘了酒后的世界
只剩冰霜剔透的瓶子，盖不住的瓶子

被欲望彻底盖住。葡萄树是粗壮的根
在一粒葡萄上盘踞。没一棵树像葡萄树

成为身外之物，也要牢牢抓住不放手
填满酒窖填满杯盏，爬起来还是葡萄树

梧桐树

答案只有一个。梧桐树找不到落脚之地
种子飞到不是梧桐的地方，无数小鸟

在大象耳朵里叫。听也听不清是什么
梧桐管不了下雨的事。秋天和其他季节

不用梧桐张罗什么。荷塘最好还有残荷
莲子是好的，莲花无影无踪也是好的

别问世界究竟怎样。梧桐树尚不知道
除非去打探旁边的树。海棠开海棠的花

女人对着不红不瘦的镜子，一阵狂怒
噼里啪啦打乱了房间。梧桐树的大叶子

透出夏日的风声。传说神奇由来已久
梧桐没有找见，于是凤给凰栽种了一棵

槐

庙宇大门的两边，一棵槐树和一棵槐树
镇住了进进出出的人，但不能镇住风

斑鸠翅膀的又一阵拍打。槐树在风口
让出了粗大的枝干，也让出七月的槐米

十月的槐豆十一月的树洞。槐树老了
槐树成了精别不信。在庙宇大门的两边

好多胡同不见了。只剩一个个胡同名字
钉在附近的墙头上。被槐树看住的树

越来越像槐树的模样。人是看不住的
大门两边是窄门。只有自行车走走停停

一棵槐树跟一棵槐树走。不像两个人
走着走着丢了，不像两棵树像一面镜子

诗·夏

芭蕉树

芭蕉树其实不是树。好像一大片玉米林
一棵叫芭蕉的树叫你看，雨打过之后

跟一棵树一样。树有多高芭蕉有多高
芭蕉就这样长成了树的样子。结果怎样

雨打了芭蕉，撕破的芭蕉叶子像一块布
芭蕉却没有衣裳。像芭蕉老老实实的

结果怎样，香蕉什么样芭蕉也什么样
一棵芭蕉在窗外，看过去就是一棵青草

没有四季照样四季轮回。结果在花里
芭蕉是盛开的一朵花。芭蕉叶层层向上

芭蕉树看周围的花花世界，仗着一棵
芭蕉看进去，这里只有芭蕉没有芭蕉树

橘子树

橘子树开花开在橘子里，花瓣如此饱满
汁液沁人心脾溢出了春天。一年到头

一棵树蜜一样流淌。一棵树全神贯注
甘露里也有甘苦。仿佛饥渴之时忍受着

橘子一次开花，还远远不够在树上结果
远远不够一棵树活下去。橙子和柚子

顺便带上柠檬，开佛手的花菩萨的花
满树新叶那么亮，满树的花落在橘子里

无数橘子扎起口袋。一棵树的大口袋
橘子取之不尽，取之不尽还是取之不尽

树叶在一棵树上的吸吮，简直太贪婪
树总被橘子反复挤压，像最后一滴甘露

龙眼树

龙眼在树上看见结果。清澈见底的龙眼
无患子家族的首领，在俯仰天地之际

总少不了大智慧。龙眼在树上看见龙眼
一棵树带走四季的雨声，闪电的枝杈

挑选硕大的星辰。一个人是盲目的行者
大路比山中小道更多麻烦，更多挂念

看不见龙眼。当一个人从龙眼望出去
万物的细节均匀，犹如一片油绿的树叶

沐浴在风中。看见龙眼的树不再摇晃
一棵树喂养了全家，喂养了木匠和家具

细微的雨，从树叶落到树叶悄无声息
一场大雨从天落，树叶从龙眼树上落下

石榴树

一棵石榴树不结石榴。石榴树不结核桃
不结石榴不结核桃，还叫一棵石榴树

不答应石榴开花。还叫石榴树开花
在词语裂开的缝隙，石榴籽充满汁液

夏天的石榴树，吸吮雨水的石榴树
叫一只鸟不叫石榴落地。一只鸟不叫

石榴树细软的枝梢，好像记事的绳结
一棵石榴树沉入大海，一棵石榴树

死于沙漠。维系开花的石榴毫无意义
石榴连根拔起来。石榴树不结石榴

石榴不结核桃。正当石榴树结了石榴
石榴树叫石榴树，石榴才是千真万确的

诗·夏

孤单的树

孤单的树聚集了荒野的孤单。孤单的树
真的是无依无靠。白蜡树的翅果落地

历尽无数厄运，飞到很远的树下等雨
孤单留在种子里。被孤单抚养的树长大

灌木守护灌木也守护乔木。更高的枝梢
蓝得透不过气来。山里和山外的树木

让一片树叶掀起一片树叶。如一束光
穿插在一片树叶上，就好像亚热带的风

呼吸总比泥土深一层。反方向的时间
被孤单的树留下。仿佛孤单连了在一起

孤单的树在一朵四照花上，活了下来
没有因为所以，就是造物主想要的结果

黑夜的树

黑夜的树亮着星星。好像星星亮着黑夜
那无数看不清的枝丫亮着，直到黎明

黑夜的树生出寂静，树叶一层压一层
好像一棵树的声音都在。黑夜的树醒来

开花的声音留在回忆中，花将重放
花在花上的时间，不会因为花落而消弭

黑夜的树是一片树叶，由树叶拼接起来
画是画不出来的。黑夜的树到了冬天

一片树叶只剩下脉络，比一棵树更显赫
黑夜的树给黑夜以温暖，给水以流淌

仿佛树叶从两面穿过世界，而一首诗
在自带星芒的枝丫上，让词语擦亮万物

诗·夏

南方的树

南方的树遮挡花与果实，甚至遮挡四季
好像一辆马车在林中穿行。叶落花间

花落水上。南方的乔木到北方是灌木
结果北方的树到不了南方，自然有逻辑

枳生枳不冤枉，橘子长橘子不管在何处
南方的树开花开不断，不讲任何道理

结果不讲开花一样。翻来覆去的树叶
浇灌万物的根芽。一棵南方的树打了雷

闪电照亮山谷和峰峦。当一棵树死了
另一棵树从头再来。树叶生下了一片树

树在树叶里自灭自生。树叶在树杈上
如梦如幻。喂养河流的树也涵养了南方

倒下的树

倒下的树让出一条小道。崎岖的树干上
担负两边的深渊，摇摇晃晃着走过来

有时靠运气有时凭力气。运气用光了
一枚硬币站在桌面上，反和正是一样的

一棵树倒下很多树冲了进去，一条溪流
发出阵阵回响。埋伏在灌木里的野兽

沿着无风的树滑翔。一棵树倒下之后
青草的铺垫毫不意外。没有谁指点迷途

人在山中为了躲避自己。倒下的树活着
活出比岩石更沉稳的架势。倒下的树

像独木桥一样在沟渠上，左右摇晃着
过来人不知道去处，倒下的树不会摇晃

33

树上的树

树长在树上很好看。那些树在树上生根
那些枝条仿佛漂泊者。风和鸟帮了忙

那些树在树上暂且活着。小树小心翼翼
长在大树上也成不了气候。而小气候

疯疯癫癫总想叱咤风云。那些树枯死了
那些树甚至活不过一片树叶。那些树

把雨水灌到漏洞里。那些树铺天盖地
不如一片树叶出类拔萃。那些树是浪费

像瓶瓶罐罐。那些树上的树没有寄托
子子孙孙没有来历。那些树潦草又脆弱

却气象万千。那些树不可一世的样子
风一来弱不禁风，像一片轻飘飘的落叶

山上的树

山桃花早开了，山上光秃秃没有别的树
上山的路荒草没有返青。上山的路上

没有人上来。越冬的鸟从树丛到树丛
牛羊在干草堆里，反复咀嚼去年的味道

山上的树占山为王。山下的人上不来
山上春色来自一棵山桃，桃花红里带粉

山桃花粉中有色。乔木和灌木正在恍惚
满坡荒凉教一棵山桃，一点一点皴染

北方人看北方山岗，看长城生长在山顶
树光秃秃挤在城墙上，好多树是枣树

枣树好多是酸枣，如那些桃树是山桃
上山的人至今没下山，山上的树不着急

好看的树

好看的树不要别的名字。怎样都叫好看
只要你叫好看，一棵树抢先开花长叶

长叶就跟花开一样。春天的树冒新芽
冬天的裸树留着浆果。树怎么看怎么好

树在街边不忘互相扶植。秋天的树更高
招来大风是大树，好像先结果后开花

好看的树，只在好看的地方才叫好看
什么时候见过树叶打扮树梢？什么时候

大树叶小树叶都那么大。树下好凉快
树上那叫一个好看。开花了那叫一片好

好在世上没有不好看的树。树不好看
自然也长不出。好看的树怎么看怎么好

秋

SONGIU CAOMU

落叶为秋天铺垫大道

东莞松山湖宣传教育文体旅游局供图

秋天的树

树是人类的先知。落叶为秋天铺垫大道
宛如朋友到来之前，预备木炭和茶盏

落叶干脆又响亮。走上去就想走下去
声音是杨树倒出来的，类似落日的反光

在丛林中一片沉寂。松树的松针在缝补
灌木乔木之间的口子。那些被子植物

打裸子植物门经过，松鼠不是为了好看
才甩开猴子们的好奇。苹果砸到苹果

明摆着是些好苹果。大大小小的胡桃
在路边彻夜滚动。每棵秋天的树很神奇

扎根山下结果在山上。动物忙着收获
过冬的粮，有人可惜有人觉得人好可怜

湖边的树

湖边的树在绣球的早春里。树叶和树梢
分别在冬天的岔路上。橘子和柚相对

离码头最近。蒹葭芦苇名不同不用分别
诗与草木出自汉语的典故。竹林无人

只有风吹。雪在访戴的夜晚也落在湖上
千年不化信不信由你。湖边杨柳依依

断桥风雨不断。二月花三月开十月看见
无患子啊无患子！湖边的树生在湖边

沿阶草上山生生不息。梅树落雨落花
梅花下雪一片寂静。湖边的树救下江南

湖边的树千里万里不曾有。绣球结香
把春天抛给全世界，记得一棵树在湖边

不结果的树

不结果的树是必需的。不结果的树活着
给结果的树开花。不结果的树也烂漫

风吹着就好。不结果的树给别的树结果
像春天的义卖。不结果的树无有得失

少了什么就多了什么。结果的树不一样
有时小年有时大年，有时天灾带人祸

不结果的树好在不指望。不结果的树
只管开花。不结果的树当然也平安无事

不结果的树除了不结果，一切很自然
不结果的道理，房前在房前屋后在屋后

冬天的枝条清澈。春芽通过秋天脱落
不结果的树不想怎样，不想结果是什么

枯干的树

枯干的树把种子留在了地里。枯干的树
在荒凉的森林打开通道，阳光很直接

一棵桉树死了，一棵落羽杉在不远处
那是很久以前的事。像一个童话的开头

长出新鲜的蘑菇。五味子在野蔷薇边上
一串串红果子，好像真的有五种味道

梅花鹿的头上顶着树杈，比浑身的肉
更突出命运之险恶。枯干的树反倒安全

活树未卜前途。枯干的树彰显一片空地
雨水充沛，树枝让青草一起发芽一起

在新世界彼此照料。枯干的树不摇晃
充满生命的树不停歇，有前世就有来生

梅花鹿的树

梅花鹿的树并不需要有人解释。一棵树
是梅花鹿的，是梅花鹿从远方带来的

树叶甜美犹如青草，生在树上一年四季
鲜嫩而丰盛。一代一代上来吃下来吃

开花的春天吃，不开花的夏天吃到结果
梅花鹿的树长满眼睛，可以看见四周

哪些树哪些梅花鹿在风中。哪些落叶
哪些树不是梅花鹿的，哪些树跑了丢了

梅花鹿的树在一起，从梅花鹿的地方看
树叶越来越稀少，仿佛树的盛年已过

老枝丫成了干树杈。冬天完全不一样
到处是梅花鹿，所有的树都跟着跑起来

雨中的树

树叶不经意落在树上。雨中的树不经意
揭开密集的树叶。仿佛一场沐浴之后

雨中的树年轮清晰可见。雨中的树透亮
避雨的人避不开闪电。不像一头水牛

在瓷器店的花瓶上，被画得那么温顺
那么慵懒。雨中的树并不认识另外的树

任何叫不上名字的树，碰巧在一场雨中
聚集在水边，它们互相都清楚谁是谁

从哪里来到哪里去。雨中不经意的树
被雨砍掉了新嫩的芽。像一个盲目的人

靠在湿黑的树干上，等一场大风靠着
雨过天晴的树，哗啦啦的树叶一片响亮

诗·秋

落叶的树

落叶的树不分时候。哪怕常见的常绿树
针叶阔叶一样落到树上树下。从未有

不落叶的树。落叶陪伴着枯干的枝条
在风中一起落下。落叶的树落叶的时候

落在落叶上那么轻。新枝丫带来新意
落叶的树开着花落叶，落叶好像花一样

不妨落花的树新叶簇拥。树叶或迟或早
自然而落貌似随意。新叶是一片落叶

曾经的样子。仿佛一朵花酝酿的结果
落叶的树参天的树，从一片树叶上矗立

一片树叶换了一片树叶，并没有交易
落叶的树一身轻松，一棵棵树死而复生

风中的树

风中的树从小到大，也不管风大和风小
无风不起树。花粉要传播果子要做实

也不管在哪里生哪里长，唯有风知道
一棵树给一棵树兜着种子，雨水的种子

风的种子，从土里顶撞所有说蠢话的人
树下没有一片水洼和余地，可以容纳

风就是树发芽的样子，枝条盲目抽打
新叶抚慰全身。大树的风催促赶路的人

赶到一棵树的大风前面。春之孕育者
喂养山峦喂养了河边的青草。风中的树

从风中抽出身来，词语的根芽像火苗
从前的树叶，终于有了大树片刻的安宁

无风的树

无风的树从来没有过。树就是风的根源
风的本来形状。树叶吹着风才是树叶

树不是垮了而是风突然停顿。一棵树
呼吸太久树叶自然焦黄，语言变得干脆

枝条果断露出新茬。风在树叶的交替中
一如新叶和新羽的编织。最初的万物

从两片的子叶间爆出风声。一棵树活
到一棵树快死的地步，发出剧烈的响声

盲目的星辰看不见。树叶若看见树叶
无风的树会跳着说话，风捉住风的尾巴

一棵树多想停下，所有的树是一棵树
开不一样的花，分类越来越细越来越蠢

词语之树

词语是灰色的。生命之树在词语中动摇
来自树叶的隐喻，让学徒工无所适从

海棠的味道在海棠花里。在诗的第三行
紫丁香没有发芽。水芹在石缝中喘息

经过了冬天的雪藏，青草不惧任何颜色
生命之树在荒野怒放。浮萍随波逐流

人群中的人呼喊了什么，词语听不见
声音归于虚无。树叶红了比如一棵枫树

看起来那么爽朗。金色的树没有名字
不管怎么叫都不会答应。没有名字的树

活跃在词语之外。词语之内落叶纷纷
生命之树终于开口说话，结果就是这样

生命之树

唯有生命之树常青。繁花落在别的树上
冬天在酝酿。雪几乎忍住了不会太久

仿佛用不着仿佛。万物回到根本之处
比一条河更宽的路，唯有生命之树常青

树干丝滑如紫薇，阳光在那里毫不吝惜
雨在那里也是好雨。一天比一天远去

盛夏不是蝴蝶而是一阵风。在树丛里
时光如此绚烂如此之少。甚至没有结果

成长和砍伐已经就是。紧紧揪住树梢
如同迷失的路口才值得张望。树干闪烁

是松鼠们的捷径。唯有生命之树常青
种子突然死于发芽，一些花则死于花开

闪电的树

闪电的树，被一声雷的回响打在夜幕上
多么干脆的枝丫，像北方冬季的裸树

无一片叶子沿树干绽放，无一朵花留下
闪电的树没有根据。凭空而来的事物

仿佛有了血肉之躯。闪电的树冒着大雨
劈开前半夜和后半夜。一片寂静炸裂

河流与丛林的上空，只剩词语的碎片
星辰藏匿在身后，大海收集泥沙和牡蛎

人类不曾不见，闪电的树也一样发芽
太眼前太盲目了。天地的尽头还是闪电

劈开树木四射的火光。如蜂群在飞舞
天空嘹亮，孤零零的闪电垂落在荒野上

诗
·
秋

寂静的树

滋生出寂静的叶子，寂静的树在风之外
好像一棵树已经死了。碎的花在伸展

寂静的树长满椰子。在高处看不见高处
没有枝丫的树，树干就是唯一的枝丫

寂静的树，甚至不在乎风起于何时何地
刮亮的窗子打开黑夜直到黎明。仿佛

万物吸吮万物的汁液，在寂静里汇合
虫子爬来爬去，觅食的觅食生产的生产

人间一片忙乱，匆匆的匆匆的匆匆的
影子跟在后面还不知道。寂静的树开花

嗡嗡声从四周围了过来。石头的缝隙
被树根填满，而一棵树埋在层层树叶中

厉害的树

厉害的树比一切树厉害。虽然开花的树
不需要结果。比结果的树厉害是因为

早在结果之前就已经长大。厉害的树
成片成片的树只是一片树叶。一片树叶

看一片树叶在荒野经过。诗经过一片
厉害的灌木。树叶好就好在厉害的树上

不怕雨打风吹。厉害的树不知道自己的
根本在一棵树上是不朽的。一棵松树

看梅兰竹菊画在一片树叶上，笔墨流淌
一棵树从上到下，不用比一棵树厉害

天然一棵树足够厉害。一比较就麻烦
一棵树有一棵树的厉害，一棵草也如是

一片树叶的树

一棵树是一片树叶，等于同样多的漏洞
虫子吃掉虫子也吃掉洞。蜡烛吃掉蜡

雨天下雨有人风风火火，有人不慌不忙
赶上最初的清晨。一棵树的池塘摇晃

一棵树。一棵树的树叶遮挡毗邻的树叶
被太阳擦洗树叶溢满光泽。不为什么

在透彻的树叶上巡游。花开了不一定
是花开了。结果就是已经尝过了的滋味

瓶瓶罐罐满满当当。每天是一片落叶
每天，一根枝条一片树叶滋生的一棵树

何曾有过两面一片树叶。一片树叶上
世界脉络分明，一片树叶的树辗转万里

SONGHU
CAOMU

望着无尽的花

东莞松山湖宣传教育文体旅游局供图

冬天的树

冬天的树干干净净。像枝梢打扫过一样
落在树上的雪也落在树下，经过打扫

不干净的地方干净了。不打扫就化了
化不开的就等一等。冬天的树活得彻底

影子伸得更远。时光的轮子说停便停
说开始并没有开始。金银木好像丝棉木

一首诗抄袭了另一首诗。没有谁怪罪
松树和松树同名，其实差别只在细微处

画家不会操心。冬天的树枯瘦又笔挺
条理够清晰，枝条从树干抽离仿佛结果

出来的样子太惊奇。树和树相互倚靠
在树与树留白的地方，乱石生长如荒草

望春树

望春树四季环绕在枝头。木兰高处开花
开花在高处看见木兰。小兽洞里出来

对天气比人更敏锐。风吹着大风起来了
大风吹着云杉。望春树所见皆为春天

落花时节长出新叶。落叶时节长出冬芽
木兰花天不怕地也不怕。春风第一枝

鸟鸣枝条一样密匝。木兰花开花木兰
池塘的雨水池塘的青草，跑到了墙根上

一棵树又长了一岁。一棵树还不清楚
地黄开紫红的花，泡桐树开了地黄的花

望春树先开花再看春天。甚至望春树
望着无尽的花，慢慢开拐个弯儿继续开

雪中的树

雪中的树不是梨花不是海棠。雪中的树
不敢动唯恐雪掉下。一棵树接一棵树

不像一片树林。无数的枝丫连成一片
雪中的树，根本和树梢对自然是一件事

少了许多遮挡。想着春秋的繁华与盛景
黄昏的蔬菜市场，西芹芦笋不再新鲜

豆芽在寒气中发抖。雪中的树如此坚挺
仿佛不是冬天。湿漉漉的树干在流淌

不是雪化了而是树一阵感动。北方的树
逼真而且清澈。每隔一棵树结果就是

天际的空隙。岔路上的人越走越远了
雪中的树犹如预告，不是梨花不是海棠

枇杷树

枇杷开花，人类好像路过一样漫无目的
枇杷开花只要结果。枇杷开花很单纯

相隔千万里。有人温柔之乡点燃焰火
有人在书房借着光赞美万物。枇杷树下

看枇杷开花过冬，像路过夏天一样路过
熟透的枇杷，遇见过路的人多么惊喜

陌生人路过陌生的地方，不用小心翼翼
小心翼翼的人也不用担忧，这个世界

担忧什么。雪在高山积雪一如细水长流
枇杷开花不要结果要什么。过路的人

撞见一棵枇杷树，从过路人的身上看
一粒枇杷黝黑的种子，丢在喧闹的街头

诗·冬

悬铃木

一球二球是造物主的，然后才有三个球
人类的作品。那么多果子打开是种子

无声的铃铛在树冠上，从夏天到春天
一直挂着风吹不响。叫法国梧桐其实呢

跟法国没关系，跟梧桐也几乎不着边际
法语版的悬铃木，总算回到悬铃木上

瓦雷里的悬铃木到了汉语里，呼啸的风
像一阵铃声送来万物，从早春到深冬

清白的树干，带着造物主最初的印记
一环紧扣一环的画面，犹如壮丽的圣乐

一片树叶煽动所有树叶，梧桐有记忆
一球二球三球碰一起，在悬铃木枝丫上

摇钱树

摇钱树太古老在深山里，牧羊人才知道
在深山里年复一年，摇钱树严严实实

领头羊才知道，山有多深摇钱树有多高
除了摇钱树遇见摇钱树，还有谁遇见

摇钱树吹来的风。松涛阵阵分不清楚
哪一声是摇钱树的，哪一声是来催命的

摇钱树千变万变，几乎认不出的摇钱树
洒下金灿灿的树叶，给摇钱树埋起来

只在此山中，让人绝望的不是找不见
而是在眼前开花的树，无一不是摇钱树

在深山里，摇钱树远在天边近在身边
摇钱树，该死的博物学家不说也是青檀

菩提树

菩提树还是有的。说菩提本无树不会错
说菩提树是一棵榕树开花，也有因果

树叶上的尘埃落入尘埃。菩提本无树
一棵树以菩提之名，穿越万法万有之林

树叶回到树上自然而寻常。透着光亮
树叶拖着尾巴，仿佛一棵树飞过菩提树

菩提在无树的树上，在无树的树下觉悟
一片树叶有一片树叶没有。是一棵树

除了风声一无所获。风声是一阵耳鸣
一棵树的衣钵还是一棵树。一片菩提叶

让一棵树遁形之中显现。无树的菩提
与太阳的对照，一滴雨在一片叶上叮咚

蜡梅

蜡梅开在正月里。看花的人比蜡梅还多
比人更多的是,各种后悔滋生的杂草

早春留在名义上。烧香的人心事茫茫
蜡梅的味道散开整个下午。枯干的枝条

绽开那么鲜亮的花儿,那么寒冷的时节
无数枝梢捉弄光线和摄影师。一座山

躲在荒山中,仿佛蜡梅隐藏在古庙里
分不清香客究竟看蜡梅,还是许愿还愿

灰喜鹊叫了叫飞了。点香点了蜡梅的香
拜佛拜蜡梅的新。这里无人得过且过

放生池敞开一潭活水。红鲤如去如来
宛如镜子,同时看见了子非鱼和子非我

无知的树

无知的树在那边，所有人在无知的树上
没有看见哪怕是一片树叶。一条虫子

更清楚一片树叶的来历。一片树叶清楚
一朵花的风是西还是东。要看一朵花

结果的时间，究竟早于日出还是日落
人都看见什么呢。一片树叶在圆满之际

留下无知的大缺口，好像无花果的树叶
仿照一片构树叶的光芒。漏洞漏下的

种子继续发芽。知道一棵树从小到大
盲目者多么傲慢。即使盲目者睁大眼睛

世界依旧黑。一片树叶亮起一片树叶
没有什么无知的树，有的是卑微的人类

山楂树

叮当响的花簇不容置辩。树叶太过锋利
如远古斧凿的回声。有了春天的契机

落英捎带着鲜嫩的叶子。狂风刮下来的
还有尘埃和雨滴。不知所以的山楂树

扯动两旁的灌木丛。兔子的皮毛披露了
附近的青草被吃光了。斑鸠地上跑动

无人之处蚂蚁涌现，一根羽毛翩然而落
被折射的光，在山楂树叶上穿针引线

让人感到一阵羞愧和不安。人的脆弱
经不起狗尾草的打量。山楂树一声叹息

无数的虫子长出了翅膀，却不能高飞
星星在枝丫上抖动，仿佛黑夜溢出的光

杜果树

杜果在行道树上大行其道。据传是玄奘
经过丝绸之路带回来，难怪那么光滑

从大海到大陆，杜果树摇摇晃晃上岸
不管有没有风吹过来，果子摇晃如钟摆

雨水充沛果汁充盈。太阳直射像刨子
滑过每片树叶。时间的表面青涩而赤裸

杜果树生在岭南。岭南是一个北方的词
充满各种奇妙的声调。草木名字清奇

如背后突起的叶脉，杜果整整一条街
积攒甘露和蜜饯，在高不可及的枝梢上

有时候闪现有时候藏匿。杜果的种子
仿佛在经文上念一念，繁花就突然涌现

下午的树

心绪不佳往往天气很坏。这在很多时候
咒语般应验。比如下午出门路上拥堵

行道树的上空阴云密布，等行人出来
下午的树跟着下雨。而另一条街并不远

早就雨过天晴。萝藦的菁荚果空空荡荡
在黄杨的篱笆上挂着，风吹走的种子

应该到了天边。或者在树下准备发芽
重新回到篱笆上，不曾枯萎也不曾开花

斑鸠讨厌人类的喧闹。青苔在竹林下
讨厌斑鸠跑来跑去。喜鹊也不喜欢喜鹊

貌似春天的争吵，灌木丛生无法劝慰
这个下午，有的已经枯干有的刚有起色

小说家的树

小说家的树叶在运河上漂。花椒树冒烟
被苦苣和榆接济的人，续写西府海棠

花开无香的遗憾。开花的荠菜已经老了
蝴蝶的梦和十四岁，不在似水流年中

不在山桃枝上。柘树和桑树那么亲密
春蚕到死那么短暂。忘了结绳记事的人

被生命载入另册，让大地伸展的根须
是一棵树开放的枝丫。道路崎岖的世界

在木头书桌上开一片花，结果和结局
被读者一笔勾销。竹林里的人不要竹笋

弹琴的人也不要广陵散。梓树和楸树
到了冬天是一棵树，在小说家的园子里

诗·冬

诗人的树

诗人蜗居在词语中。所有的树经过荒野
在一起，千里万里的树死与生在一起

象耕鸟耘之后，田地封给了大豆和小米
仓里装满了食粮。四季的篱笆爬满了

虫子和冬瓜。一棵枣一棵石榴一棵木槿
结果，一棵李一棵胡桃一棵柿子开花

风吹开半山的峭壁，泉水在林下穿行
孩童们唱起了野性的歌谣，天地被惊动

好像一片树叶被唬住。树木根连着根
诗人的树倒下有诗人扶起来，如此往复

在一草一木里生，如一草一木的再生
在语言无边的边界，诗人之树常败常青

博物学家的树

博物学家的窗外有一棵小树，忘了名字
搜肠刮肚记不起来。开着花的山茱萸

知道不开花的山茱萸死了。有一棵草
让灯台树和车梁木打了一架。说不清楚

紫薇在原处赤裸树干。陶渊明的菊花
在东篱下生在南山上开，像一片稻搓菜

蒲儿根不在乎陶渊明。一棵树什么时候
挖土播种，什么地方一棵树花开到家

耕田的人总比读书人更有把握。尺蠖
吃花了槐树。有很多树叶落在很多树下

博物学家的树无害虫，有的只是昆虫
养活了无数的后代。唯有人害了很多人

植物

小蓬草

Erigeron canadensis L.

　　小蓬草，菊科，飞蓬属。俗称小飞蓬、飞蓬、加拿大蓬、小白酒草、蒿子草。一年生草本。原产于北美洲。中国南北均有分布。常生长于旷野、荒地、田边和路旁，是一种抬头不见低头见的杂草。

　　全草入药消炎止血、祛风湿，治血尿、水肿、肝炎、胆囊炎、小儿头疮等症。嫩茎、叶可作猪饲料。根据国外文献记载，北美洲用作治痢疾、腹泻、创伤以及驱蠕虫；欧洲中部，常用新鲜的植株作止血药，但其液汁和捣碎的叶可能引起皮肤刺激。

　　小蓬草根呈纺锤状，具纤维状根。茎直立，高50—100厘米或更高，圆柱状，多少具棱，有条纹，被疏长硬毛，上部多分枝。叶密集，基部叶在花期常枯萎，下部叶倒披针形，长6—10厘米，宽1—1.5厘米，顶端尖或渐尖，基部渐狭成柄，边缘具疏锯齿或全缘，中部和上部叶较小，线状披针形或线形，近无柄或无柄，全缘或少有具1—2个齿，两面或仅上面被疏短毛，边缘常被上弯的硬缘毛。头状花序多数，小，径3—4毫米，排列成顶生多分枝的大圆锥花序；花序梗细，长5—10毫米，总苞近圆柱状，长2.5—4毫米；总苞片2—3层，淡绿色，线状披针形或线形，顶端渐尖，外层约短于内层之半，背面被疏毛，内层长3—3.5毫米，宽约0.3毫米，边缘干膜质，无毛；花托平，径2—2.5毫米，具不明显的突起；雌花多数，舌状，白色，长2.5—3.5毫米，舌片小，稍

超出花盘，线形，顶端具 2 个钝小齿；两性花淡黄色，花冠管状，长 2.5—3 毫米，上端具 4 或 5 个齿裂，管部上部被疏微毛；瘦果线状披针形，长 1.2—1.5 毫米，被贴微毛；冠毛污白色，1 层，糙毛状，长 2.5—3 毫米。花期 5—9 月。

植物

稗

Echinochloa crus-galli (L.) P. Beauv.

稗（bài），禾本科，稗属。俗称稗子、旱稗。一年生草本。原产于欧洲和印度，分布于世界 61 个国家。中国黑龙江、吉林、河北、山西、山东、甘肃、新疆、安徽、江苏、浙江、江西、湖南、湖北、四川、贵州、广东及云南有分布。

李时珍在《本草纲目》中解释说："稗乃禾之卑贱者也，故字从卑。"杂草居然也有贵卑之分。从生物多样性的视野来看假如稗草都消失了，那么，水稻还能不能保存下来就要另说了。在中国古代，稗这个字是很有"文化"的，比如，民间野史就叫稗史。

作为田间杂草，稗喜田野水湿处。与水稻争夺资源，使水稻的生长发育受到抑制而导致减产。稗全草可作绿肥及饲料。茎、叶纤维可作造纸原料，种子磨粉可代粮、酿酒和制麦芽糖用。稗也可入药，具有凉血止血的功效。

茎秆高 40—90 厘米；叶鞘平滑无毛；叶舌缺；叶片扁平，线形，长10—30 厘米，宽 6—12 毫米；圆锥花序狭

窄，长 5—15 厘米，宽 1—1.5 厘米，分枝上有时具小枝，有时中部轮生；小穗卵状，长 4—6 毫米；第一颖三角形，长为小穗的 1/2—2/3，基部包卷小穗；第二颖与小穗等长，具小尖头，有 5 脉，脉上具刚毛或有时具疣基毛，芒长 0.5—1.5 厘米；第一小花通常中性，外稃草质，具 7 脉，内稃薄膜质，第二外稃革质，坚硬，边缘包卷同质的内稃。花果期 7—10 月。

植
物

扁豆

Lablab purpureus (L.) Sweet

扁豆，豆科，扁豆属。俗称白花扁豆、鹊豆、沿篱豆、藤豆、膨皮豆、火镰扁豆、扁豆根、片豆、梅豆、驴耳朵豆角。多年生缠绕藤本。原产于亚洲西南部和地中海东部地区。东汉时期，扁豆传入中国。如今世界各热带地区均有栽培。

扁豆花有红白两种，豆荚有绿白、浅绿、粉红或紫红等色。嫩荚作蔬食，白花和白色种子入药，有消暑除湿、健脾止泻之效。

全株几乎无毛，茎长可达6米，常呈淡紫色。羽状复叶具3小叶；托叶基着，披针形；小托叶线形，长3—4毫米；小叶宽三角状卵形，长6—10厘米，宽约与长相等，侧生小叶两边不等大，偏斜，先端急尖或渐尖，基部近截平。总状花序直立，长15—25厘米，花序轴粗壮，总花梗长8—14厘米；小苞片2，近圆形，长3

毫米，脱落；花2至多朵簇生于每一节上；花萼钟状，长约6毫米，上方2裂齿几完全合生，下方的3枚近相等；花冠白色或紫色，旗瓣圆形，基部两侧具2枚长而直立的小附属体，附属体下有2耳，翼瓣宽倒卵形，具截平的耳，龙骨瓣呈直角弯曲，基部渐狭成瓣柄；子房线形，无毛，花柱比子房长，弯曲不逾90°，一侧扁平，近顶部内缘被毛。荚果长圆状镰形，长5—7厘米，近顶端最阔，宽1.4—1.8厘米，扁平，直或稍向背弯曲，顶端有弯曲的尖喙，基部渐狭；种子3—5颗，扁平，长椭圆形，在白花品种中为白色，在紫花品种中为紫黑色，种脐线形，长约占种子周围的2/5。花期4—12月。

植
物

变叶木

Codiaeum variegatum (L.) Rumph. ex A. Juss.

　　变叶木，大戟科，变叶木属。俗称变色月桂、洒金榕。小乔木或灌木状。原产于亚洲马来半岛至大洋洲。热带、亚热带广泛栽培。观叶植物，品种很多，扦插繁殖。

　　变叶木因在其叶形、叶色上的变化，显示出色彩美、姿态美，在观叶植物中深受人们喜爱，中国华南地区多用于公园、绿地和庭园美化，既可丛植，也可作绿篱。在长江流域及以北地区均作盆花栽培，装饰房间、厅堂和布置会场。其枝叶是插花理想的配叶料。

　　变叶木枝无毛。叶薄革质，叶形、大小、色泽因品种不同有很大变异，线形、线状披针形、披针形、椭圆形、卵形、倒卵形、匙形或提琴形，长5—30厘米，宽0.5—8厘米，先端渐尖、短尖或圆钝，基部楔形或钝圆，全缘、浅裂、深裂或细长中脉连接2枚叶片，两面无毛，绿色、黄色、黄绿相间、紫红色或紫红与黄绿相间，或绿色散生黄色斑点或斑块；叶柄长0.2—2.5厘米。花雌雄同株异序；总状花序腋生，长8—30厘米。雄花白色，花梗纤细；雌花淡黄色，花梗较粗。蒴果近球形，稍扁，无毛，径约9毫米。花期9—10月。

植
物

五彩苏

Coleus scutellarioides (L.) Benth.

　　五彩苏，唇形科，鞘蕊花属。草本。俗称锦紫苏、洋紫苏、五色草、老来少、彩叶草。因叶色丰富多彩，故名。原产于中国大陆、印度、马来西亚以及大洋洲岛群。中国各地庭园普遍栽培。

　　五彩苏喜温暖、湿润、阳光充足的环境，耐暑热、不耐寒、耐半阴，喜肥沃、湿润的中性砂壤土，夏季高温时稍加遮阴，光线充足能使叶色鲜艳。五彩苏主要为播种繁殖和扦插繁殖。

　　五彩苏具有清热解毒，消肿止痛功效。主治创伤、皮肤感染、溃疡、鼻出血、咽喉肿痛、耳痛等。植株紧密，叶片色彩斑斓，娇艳多变，观赏期长，品种丰富，是花坛、花境、花带、花丛的理想材料，还可作配置图案应用或镶边，深受园林设计师和大众的喜爱。

　　五彩苏茎分枝，带紫色，被微柔毛。叶卵形，长 4—12.5 厘米，先端钝或短渐尖，基部宽楔形或圆形，具圆齿状锯齿或圆齿。叶片颜色多样，包括黄、深红、紫及绿色，两面被微柔毛，下面疏被红褐色腺点；叶柄长 1—5 厘米，被微柔毛。轮伞花序具多花，组成圆锥花序，长 5—10（—25）厘米，被微柔毛；苞片脱落，宽卵形，尾尖，被微柔毛及腺点；花梗长约 2 毫米；花萼钟形，长 2—3 毫米，10 脉，被细糙硬毛及腺点，上唇中裂片宽卵形，果时反折，与下唇 2 裂片等长或较长，侧裂片卵形，下唇长方形，裂片靠合；花冠紫或蓝色，长 0.8—1.3 厘米，被微柔毛，冠筒骤下弯，喉部径达 2.5 毫米，上唇直伸，下唇舟形。小坚果褐色，宽卵球形或球形，长 1—1.2 毫米，扁。花期 7 月。

植
物

常春藤

Hedera nepalensis var. *sinensis* (Tobler) Rehder

　　常春藤，五加科，常春藤属。俗称爬崖藤、狗姆蛇、三角藤、山葡萄、牛一枫、三角风、爬墙虎、爬树藤、中华常春藤。攀援灌木。原产于中国，分布地区广，北自甘肃东南部、陕西南部、河南、山东，南至广东、江西、福建，西自西藏波密，东至江苏、浙江的广大区域内均有生长。

　　攀援于林缘树木，海拔100—3500米的林下路旁、岩石和房屋墙壁上，是庭园美化的主要藤本植物。另有本属的一种金边、花叶者，叫洋常春藤。花市常见。

　　常春藤幼枝具铁锈色的鳞片。叶柄2—9厘米，纤细；叶二形，那些在不育枝上全缘或3裂的，通常为三角状心形或三角状长圆形，很少的为三角形或箭头形；在能育枝上的叶为椭圆状卵形或椭圆状披针形，花序顶生，为伞形花序或小总状花序，具铁锈色鳞片；主轴1—3.5厘米，花萼凸缘长约2毫米，近全缘。花瓣5，3—3.5毫米子房具心皮。成熟时的果为红色或黄色，球状，直径7—13毫米。花期9—11月，果期3—5月。

翅果菊

Lactuca indica L.

翅果菊，菊科，莴苣属。俗称山莴苣、野莴苣、山马草、苦莴苣、多裂翅果菊。一年或二年生草本。半杂草状态，生田间、路旁、灌丛或滨海处。几乎广布全国各地。朝鲜、俄罗斯、日本也有。

翅果菊的嫩茎叶可以作为蔬菜食用，民间叫野莴苣或山莴苣。所含粗蛋白、粗脂肪、粗纤维比例较高。全草可入药，性味苦，寒，有利于清热解毒、凉血利湿，主治急性咽炎、急性细菌性痢疾、吐血、尿血、痔疮肿痛。还具有较高的饲用价值，可作为草食畜牧业初级生产的高蛋白饲料植物，也可作为家畜禽和鱼的优良饲料及饵料。

茎高 90—120 厘米或更高，无毛，上部有分枝。叶无柄，全部叶有狭窄膜片状长毛；叶形多变化，条形、长椭圆状条形或条状披针形，不分裂而基部扩大戟形半抱茎到羽状或倒向羽状全裂或深裂，而裂片边缘缺刻状或锯齿状针刺等等；下部叶花期枯萎；最上部叶变小，条状披针形或条形。头状花序有小花 25 个，在茎枝顶端排成宽或窄的圆锥花序；舌状花淡黄色或白色。瘦果黑色，压扁，边缘不明显，内弯，每面仅有 1 条纵肋；喙短而明显，长约 1 毫米；冠毛白色，全部同形。花果期 4—11 月。

植
物

虮子草

Leptochloa panicea (Retz.) Ohwi

虮子草，禾本科，千金子属。一年生草本。产于中国陕西、河南、江苏、安徽、浙江、台湾、福建、江西、湖北、湖南、四川、云南、广西、广东等地。分布于全球的热带和亚热带地区。多生于田野路边和园圃内。草质柔软，是优良牧草。

虮子草的得名与其植株形态相关。它的颖果，也就是种子，非常细小，呈长卵球形或椭圆形，长仅 0.5—1 毫米，形状类似虮子（虱子的卵），故名。虮子草的拉丁学名"*Leptochloa panicea*"来源于希腊语"leptos"（瘦弱的）和"chloe"（草）的合成词，指其形态纤细、柔弱。知道虮子草名字的来历，会引起观察者的好奇心和兴趣，而兴趣总会帮助记忆。

秆较细弱，高 30—60 厘米。叶鞘疏生有疣基的柔毛；叶舌膜质，多撕裂，或顶端作不规则齿裂，长约 2 毫米；叶片质薄，扁平，长 6—18 厘米，宽 3—6 毫米，无毛或疏生疣毛。圆锥花序长 10—30 厘米，分枝细弱，微粗糙；小穗灰绿色或带紫色，长 1—2 毫米，含 2—4 小花；颖膜质，具 1 脉，脊上粗糙，第一颖较狭窄，顶端渐尖，长约 1 毫米，第二颖较宽，长约 1.4 毫米；外稃具 3 脉，脉上被细短毛，第一外稃长约 1 毫米，顶端钝；内稃稍短于外稃，脊上具纤毛；花药长约 0.2 毫米。颖果圆球形，长约 0.5 毫米。花果期 7—10 月。

大豆

Glycine max (L.) Merr.

　　大豆，豆科，大豆属。俗称毛豆、黄豆、菽。一年生草本。起源于中国。主产于中国东北地区。世界各地广泛栽培。为重要粮食和油料作物之一，中国已有 5000 多年栽培史，栽培品种近 1000 个。大豆是中国先民对全球农业的伟大贡献之一。

　　大豆起源于中国，从中国大量的古代文献可以证明。汉司马迁撰的《史记》中，《五帝本纪》中写道："炎帝欲侵陵诸侯，诸侯咸归轩辕。轩辕乃修德振兵，治五气，蓺五种，抚万民，度四方。"郑玄曰："五种，黍、稷、菽、麦、稻也。"司马迁在《史记》卷二十七中写道："铺至下铺，为菽。"由此可见轩辕黄帝时已种菽。朱绍侯主编的《中国古代史》中谈到商代经济和文化的发展时指出："主要的农作物，如黍、稷、粟、麦（大麦）、来（小麦）、秕、稻、菽（大豆）等，都见于卜辞。"卜慕华指出："以我国而言，公元前 1000 年以前殷商时代有了甲骨文，当然记载得非常有限。在农作物方面，辨别出有黍、稷、豆、麦、稻、桑等，是当时人民主要依以为生的作物。"

　　中国东北、华北、陕西、四川及长江下游地区均有出产。以长江流域及西南地区栽培较多，以东北大豆质量最优。1804 年引入美国；20 世纪中叶，在美国南部及中西部成为重要作物。

　　大豆营养价值高，被称为"豆中之王""田中之肉""绿色的牛乳"。种子椭圆形或近卵球形，光滑，淡绿、黄、褐和黑色等，因品种而异。

植
物

番石榴

Psidium guajava L.

番石榴，桃金娘科，番石榴属。俗称芭乐、拿果、拔子、鸡矢果。灌木或小乔木。因形状类似石榴，故名。原产于南美洲。16—17世纪传播至世界热带、亚热带地区。17世纪末进入中国。台湾、福建、广东、海南、香港、广西、云南南部及四川南部有栽培。有些地区已经逸为野生。

作为热带水果的番石榴，与石榴没有亲缘关系。一个乘船从南美洲远涉重洋而来，另一个骑着骆驼沿着丝绸之路到中国落户。植物是人类文明交往的紧密"纽带"。写过小说《百年孤独》的作家马尔克斯也写过随笔《番石榴飘香》，令人难忘。

作为常见的热带水果之一，有人爱其特殊口味，有人则嫌弃籽粒太多。果实、叶子含挥发油及鞣酸。也可入药，有止痢、止血、健胃之功效。

番石榴高达10米。树皮片状

剥落。幼枝四棱形，被柔毛。叶长圆形或椭圆形，长6—12厘米，先端急尖，基部近圆形，下面疏被毛，侧脉12—15对，在上面下陷，在下面凸起，网脉明显，全缘；叶柄长5毫米，疏被柔毛。花单生或2—3朵排成聚伞花序。萼筒钟形，长6毫米，绿色，被灰色柔毛，萼帽近圆形，长7—8毫米，不规则开裂；花瓣白色，长1—1.4厘米；雄蕊长6—9毫米；子房与萼筒合生，花柱与雄蕊近等长。浆果球形、卵圆形或梨形，长3—8厘米，顶端有宿存萼片；果肉白或淡黄色，胎座肉质，淡红色。种子多数。

植
物

番木瓜

Carica papaya L.

番木瓜，番木瓜科，番木瓜属。俗称木瓜、番瓜、万寿果、乳瓜、石瓜、蓬生果、万寿匏、奶匏。原产于美洲热带地区。中国福建、台湾、广东、广西、云南南部广泛栽培。广植于世界热带地区。栽培品种很多。浆果可提木瓜素，能助消化。叶有强心、消肿作用。种子可榨油。

在《岭南杂记》（成书于 17 世纪末）中，最早记载了番木瓜，说明中国栽培番木瓜已有超过 300 年的历史。番木瓜是软木质小乔木。其实从植物学严格意义上讲，番木瓜不是树。茎秆中空，因此可以说是一株多年生的"草"。树上不长"瓜"，而草本植物自然就可以顺藤摸"瓜"了。原产于中国的蔷薇科木本的木瓜，即"投我以木瓜，报之以琼琚"

的木瓜，之所以叫木瓜，不仅因为形似，而且大如瓜，倒也贴切。番木瓜和本土木瓜常被混淆，于形于理而言，皆为事出有因。

　　番木瓜高达 8 米，有乳汁，茎不分枝或可在损伤处发生新枝；有螺旋状排列的粗大叶痕。叶大，生茎顶，近盾形，常 7—9 深裂，直径可达 60 厘米，裂片羽状分裂；叶柄中空，长常超过 60 厘米。花单性，雌雄异株；雄花排成长达 1 米的下垂圆锥花序；花冠乳黄色，下半部合生成筒状；雌花单生或数朵排成伞房花序，花瓣 5，分离，乳黄色或黄白色，柱头流苏状。浆果大，矩圆形，长可达 30 厘米，熟时橙黄色。

植
物

红果仔

Eugenia uniflora L.

　　红果仔，桃金娘科，番樱桃属。别名番樱桃、棱果蒲桃、毕当茄、巴西红果。灌木或小乔木。原产于巴西。全球约 100 种。中国引入栽培 2 种。台湾、福建、广东、香港、海南及广西等地均有栽培。作为园林观赏植物，可作盆景。作为水果，可食或制作软糖，果肉多汁，带酸甜味。

　　红果仔株高达 5 米，全株无毛。枝条纤细，稍下垂。叶对生，卵形或卵状披针形，长 3.2—4.2 厘米，先端渐尖或急尖，钝头，基部圆形或微心形，上面绿色，有光泽，下面色淡，两面有腺点，侧脉 5 对，明显，以 45° 角斜上；叶柄长约 1.5 毫米。花白色，芳香，单生或数朵呈聚伞状生于叶腋。花梗短于叶，萼片 4，长椭圆形，反卷。浆果球形，下垂，径 1—2 厘米，有 3—8 条棱。成熟时黄、橙黄或深红色，有种子 1—2 颗。冬季稍落叶，其余三季不断开花结果。

葱莲

Zephyranthes candida (Lindl.) Herb.

葱莲，石蒜科，葱莲属。俗称葱兰、风雨兰、白花菖蒲莲、韭菜莲、肝风草。叶如葱花瓣，似莲花，故名。多年生草本。原产于南美洲。中国南北庭园、公园栽培供观赏。在南方已野化。

葱莲也有风雨兰的称号。风雨过后，葱莲可以说是一阵一阵地开放，拦不住地开。洁白如玉。好像不经风雨，就不是风雨兰了。民间以全草入药，具有平肝熄风、散热解毒的作用，用于治疗小儿急惊风、癫痫、痈疮红肿。

葱莲鳞茎卵形，径约 2.5 厘米，颈长 2.5—5 厘米。叶线形，肥厚，长 20—30 厘米，宽 2—4 毫米。花茎中空，单花顶生，总苞片先端 2 浅裂。花梗长约 1 厘米；花白色，外面稍带淡红色，几无花被筒；花被片 6，近离生或基部连合成极短的花被筒，长 3—5 厘米，宽约 1 厘米，近喉部常具小鳞片；雄蕊 6，长约为花被的 1/2；花柱细长，柱头 3 凹缺。花期秋季。

植
物

海金沙

Lygodium japonicum (Thunb.) Sw.

海金沙，海金沙科，海金沙属。蕨类攀援植物。俗称蛤蟆藤。珍贵药材。因其成熟的孢子金黄如海沙一样闪光，故名。中国暖温带及亚热带，北至陕西及河南南部，西达四川、云南和贵州有分布。朝鲜、越南、日本、澳大利亚也有。

尽管看上去海金沙是藤本植物，但在分类上却是地道的蕨类，通过孢子繁殖。喜生路边或山坡疏灌丛中。全草药用，利湿热、通淋；鲜叶捣烂调茶油治烫火伤。孢子为利尿药，并作医药上的撒布剂及药丸包衣。茎叶捣烂加水浸泡，可治棉蚜虫、红蜘蛛。

海金沙植株长可达 4 米。叶多数，对生于茎上的短枝两侧，短枝长 3—5 毫米，相距 9—11 厘米。叶二型，纸质，连同叶轴和羽轴有疏短毛；不育叶尖三角形，长宽各约 10—12 厘米，二回羽状，小羽片掌状或三裂，边缘有不整齐的浅钝齿。能育叶卵状三角形，长宽各约 10—20 厘米，小羽片边缘生流苏状的孢子囊穗，穗长 2—4 毫米，宽 1—1.5 毫米，排列稀疏，暗褐色。

含笑花

Michelia figo (Lour.) Spreng.

含笑花，木兰科，含笑属。俗称香蕉花、含笑。常绿灌木。原产于中国广东、福建。因其花半开之时，宛如美人抿嘴含笑，故名。又因其花香浓郁，好似熟透的香蕉味，也有"香蕉花"之美称。

著名的观赏植物，自古以来为文人雅士所喜爱。北宋大臣丁谓晚年在海南咏含笑"草解忘忧忧底事，花能含笑笑何人？"的诗句，尤为人所传诵。花香甜，花瓣可拌入茶叶制成花茶，亦可提取芳香油和供药用。广东鼎湖山中有野生。生于阴坡杂木林中，溪谷沿岸尤为茂盛。广植于全国各地。在长江流域各地需在温室越冬。

植
物

　　株高 2—3 米，树皮灰褐色，分枝繁密；芽、嫩枝、叶柄、花梗均密被黄褐色绒毛。叶革质，狭椭圆形或倒卵状椭圆形，长 4—10 厘米，宽 1.8—4.5 厘米，先端钝短尖，基部楔形或阔楔形，上面有光泽，无毛，下面中脉上留有褐色平伏毛，余脱落无毛，叶柄长 2—4 毫米，托叶痕长达叶柄顶端。花直立，长 12—20 毫米，宽 6—11 毫米，淡黄色而边缘有时红色或紫色，具甜浓的芳香，花被片 6，肉质，较肥厚，长椭圆形，长 12—20 毫米，宽 6—11 毫米；雄蕊长 7—8 毫米，药隔伸出成急尖头，雌蕊群无毛，长约 7 毫米，超出于雄蕊群；雌蕊群柄长约 6 毫米，被淡黄色绒毛。聚合果长 2—3.5 厘米；蓇葖卵圆形或球形，顶端有短尖的喙。花期 3—5 月，果期 7—8 月。

蔊菜

Rorippa indica (L.)Hiern

　　蔊（hàn）菜，十字花科，蔊菜属。一年生草本。别名印度蔊菜、塘葛菜、江剪刀草、香荠菜、野油菜、干油菜、野菜子、天菜子。名字来源据《本草纲目》所记，"味辛辣，如火焊人，故名"。分布在中国山东、河南、陕西、甘肃、江苏、浙江、江西、湖南、福建、台湾、广东。越南、菲律宾、印度也有。

　　蔊菜生于河畔、路旁、墙脚、园圃、山坡等较潮湿地带。自古以来就当野菜食用。现如今餐馆在春天采摘嫩头，作为一道新鲜野菜进入菜单。需要注意的是，蔊菜不能与牡荆叶同用，否则将使人体麻木。

　　蔊菜株高15—50厘米。茎直立，粗壮，不分枝或分枝，有时带紫色。基生叶和下部叶有柄，大头羽状分裂，长7—15厘米，宽1—2.5厘米，顶生裂片较大，卵形或矩圆形，先端圆钝，边缘有齿牙，侧生裂片2—5对，向下逐渐缩小，全缘，两面无毛；上部叶无柄，矩圆形。总状花序顶生；花小，黄色。长角果圆柱形，长1—2厘米，宽1—1.5毫米，斜上开展，稍弯曲；果梗长2—4毫米。种子多数，细小，卵形，褐色。

植
物

三色堇

Viola tricolor L.

　　三色堇（jǐn），堇菜科，堇菜属。俗称猴面花、猫儿脸、鬼脸花。因其花色丰富多彩，三色指代多色，故名三色堇。一、二年生或多年生草本。原产于欧洲。我国各地公园有栽培，为早春观赏花卉。

　　株高达40厘米，地上茎伸长，具开展而互生的叶。基生叶长卵形或披针形，具长柄；茎生叶卵形，长圆状卵形或长圆状披针形，先端圆或钝，基部圆，疏生圆齿或钝锯齿，上部叶的叶柄较长，下部叶的叶柄较短，托叶叶状，羽状深裂。花径3.5—6厘米，每花有紫、白、黄三色；花梗稍粗，上部有2枚对生小苞片；萼片长圆状披针形，长1.2—2.2厘米，基部附属物长3—6毫米，边缘不整齐；上方花瓣深紫堇色，侧瓣及下瓣均为三色，有紫色条纹，侧瓣内面基部密被须毛，下瓣距较细；子房无毛，花柱短，柱头球状，前方具较大的柱头孔。蒴果椭圆形，无毛。

槐叶苹

Salvinia natans (L.) All.

槐叶苹，槐叶苹科，槐叶苹属。叶形似槐叶，故名。小型漂浮植物。广布于中国长江流域和华北、东北地区，甚至远到新疆的水田、沟塘和静水溪河内。日本、越南、印度及欧洲均有分布。

叶形优雅，如漂浮在水面的落叶，深受民间喜爱。全草入药，煎服，治虚劳发热、湿疹，外敷治丹毒、疔疮和烫伤。

茎细长而横走，被褐色节状毛。三叶轮生，上面二叶漂浮于水面，形如槐叶，长圆形或椭圆形，长 0.8—1.4 厘米，宽 5—8 毫米，顶端钝圆，基部圆形或稍呈心形，全缘；叶柄长 1 毫米或近无柄。叶脉斜出，在主脉两侧有小脉 15—20 对，每条小脉上面有 5—8 束白色刚毛；叶草质，上面深绿色，下面密被棕色茸毛。下面一叶悬垂水中，细裂成线状，被细毛，形如须根，起着根的作用。孢子果 4—8 个簇生于沉水叶的基部，表面疏生成束的短毛，小孢子果表面淡黄色，大孢子果表面淡棕色。

黄鹌菜

Youngia japonica (L.) DC.

黄鹌（ān）菜，菊科，黄鹌菜属。俗称苦菜药、黄花菜、山芥菜、土芥菜、野芥菜、野芥兰、芥菜仔、臭头苦荬、野青菜、黄花枝香草、苦菜药。多年生草本。

据民间传说，有一种叫鹌鹑的小鸟喜欢啄食其嫩叶，而得名黄鹌菜。广布于中国华东、中南、西南及河北、陕西、台湾、西藏等地。生于路旁、溪边、草丛、林下。

黄鹌菜之名出自《救荒本草》[明永乐四年（1406）刊刻于开封，是一部专讲地方性植物并结合食用方面以救荒为主的植物志。作者朱橚]，其文曰："黄鹌菜，生密县山谷中，苗初塌地生。叶似初生山莴苣叶而小，叶脚边微有花叉，又似字字丁叶而头颇团；叶中撺生葶叉，高五六寸许。开小黄花，结小细子，黄茶褐色。叶味甜。"

的确，黄鹌菜不仅叶味甜，其嫩茎也是甜口的。如今很多作者对黄鹌菜味道的描述，准确性甚至不如600多年前一位贵族的记录。要知道黄鹌菜的味道，就是亲口尝一尝：有苦涩感，但回甘更明显。

黄鹌菜药食兼得，救饥荒也疗疾病。作为草药，有清热解毒、消肿止痛之功效。

　　茎下部被柔毛。基生叶倒披针形、椭圆形、长椭圆形或宽线形，长 2.5—13 厘米，大头羽状深裂或全裂，叶柄长 1—7 厘米，有翼或无翼，顶裂片卵形、倒卵形或卵状披针形，有锯齿或几全缘，侧裂片 3—7 对，椭圆形，最下方的侧裂片耳状，侧裂片均有锯齿或细锯齿或有小尖头，稀全缘，叶及叶柄被柔毛；无茎生叶或极少有茎生叶，头状花序排成伞房花序；总苞圆柱状，长 4—5 毫米，总苞片 4 层，背面无毛，外层宽卵形或宽形，长宽不及 0.6 毫米，内层长 4—5 毫米，披针形，边缘白色宽膜质，内面有糙毛。舌状小花黄色。瘦果纺锤形，褐色或红褐色，长 1.5—2 毫米，无喙，有 11—13 条纵肋；冠毛糙毛状。花果期 4—10 月。

植
物

黄菖蒲

Iris pseudacorus L.

黄菖蒲，鸢尾科，鸢尾属。俗称黄花鸢尾、水生鸢尾、黄鸢尾。多年生的湿生或挺水宿根草本。原产于欧洲。中国各地常见栽培。全世界鸢尾属约 300 种，分布于北温带。中国约产 60 种、13 变种及 5 变型，主要分布于西南、西北及东北。喜生于湿地或浅水池沼中。

黄菖蒲名字具有迷惑性。虽名"菖蒲"，但除了叶片有那么一点儿菖蒲的意思之外，与本土的菖蒲并无瓜葛。黄菖蒲与鸢尾是不太远的亲戚。花开时节，似黄蝶在迎风起舞，亦如鸢鸟水边摇曳。

黄菖蒲根状茎粗壮，径达 2.5 厘米。基生叶灰绿色，宽剑形，中脉明显，长 40—60 厘米，宽 1.5—3 厘米。花茎粗壮，高 60—70 厘米，上部分枝；苞片 3—4 枚，膜质，绿色，披针形。花黄色，径 10—11 厘米；花被筒长约 1.5 厘米；外花被裂片，卵圆形或倒卵形，长约 7 厘米，无附属物，中部有黑褐色花纹；内花被裂片，倒披针形，长约 2.7 厘米；雄蕊长约 3 厘米，花药黑紫色；花柱分枝淡黄色，长约 4.5 厘米，顶端裂片半圆形，子房绿色，三棱状柱形，长约 2.5 厘米。花期 5 月，果期 6—8 月。

108

109

黄花夹竹桃

Thevetia peruviana (Pers.)K. Schum.

黄花夹竹桃，夹竹桃科，黄花夹竹桃属。俗称黄花状元竹、酒杯花、柳木子。小乔木或灌木状。原产于中南美洲。中国台湾、福建、广东、广西和云南等地有栽培，有时野生。生长于路旁、池边、山坡疏林下。土壤较湿润而肥沃的地方生长较好。耐旱力强，亦稍耐轻霜。现世界热带和亚热带地区均有栽培。

黄花夹竹桃树形优雅，植株多枝全绿，柔软低垂，叶细如柳。花期几乎全年。树液和种子有毒，误食可致命。种子可榨油，供制肥皂、点灯、杀虫和鞣料用油，油粕可作肥料。种子坚硬，长圆形，可作镶嵌物。果仁含有黄花夹竹桃素，有强心、利尿、祛痰、发汗、催吐等作用。

株高达6米；树皮褐色，皮孔明显。小枝下垂。叶革质，线状披针形或线形，长10—15厘米，宽0.5—1.2厘米，先

端渐尖，下面淡绿色，侧脉不明显；叶柄长约 3 毫米。花芳香，花梗长 2.5—5 厘米；花萼裂片绿色，窄三角形，顶端渐尖；花冠长 6—7 厘米，径 4.5—5.5 厘米，裂片较花冠筒长，喉部鳞片被毛。核果扁三角状球形，径 2.5—4 厘米。种子淡灰色，长约 2 厘米，径约 3.5 厘米。花期 5—12 月，果期 8 月至翌年春季。

植
物

量天尺

Selenicereus undatus (Haw.) D. R. Hunt

量天尺，仙人掌科，量天尺属。别称火龙果、三棱箭、三角柱、霸王鞭、龙骨花、霸王花。攀援肉质灌木。原产于中南美洲。中国于 17 世纪引种。各地常见栽培，在福建（南部）、广东（南部）、海南、台湾以及广西（西南部）逸为野生，借气根攀援于树干、岩石或墙上。世界各地广泛栽培，在美国夏威夷、澳大利亚东部逸为野生。

量天尺因其枝长达 15 米，仿佛量天仗地而得名。分枝扦插容易成活，常作嫁接蟹爪属、仙人棒属和多种仙人球的砧木。花可作蔬菜；浆果就是大名鼎鼎的火龙果，是著名的热带四大草本水果之一。花开夜间，这个特点很像量天尺的远房亲戚——昙花。

量天尺枝长 3—15 米，具气根。分枝多数，延伸，具 3 角或棱，长 0.2—0.5 米，宽 3—8（—12）厘米，棱常翅状，边缘波状或圆齿状，深绿色至淡蓝绿色，无毛，老枝边缘常胼胝状，淡褐色，骨质；小窠沿棱排列，相距 3—5 厘米，直径约 2 毫米；每小窠具 1—3 根开展的硬刺；刺锥形，长 2—5 毫米，灰褐色至黑色。花漏斗状，长 25—30 厘米，直径 15—25 厘米，于夜间开放；花托及花托筒密被淡绿色或黄绿色鳞片，鳞片卵状披针形至披针形，长 2—5 厘米，宽 0.7—1 厘米；萼状花被片黄绿色，线形至线状披针形，长 10—15 厘米，宽 0.3—0.7 厘米，先端渐尖，有短尖头，边缘全缘，通常反曲；瓣状花被片白色，长圆状倒披针形，长 12—15 厘米，宽 4—5.5 厘米，先端急尖，具 1 芒尖，边缘全缘或啮蚀状，开展；花丝黄白色，长 5—7.5 厘米；花药长 4.5—5 毫米，淡黄色；花柱黄白色，长 17.5—20 厘米，直径 6—7.5 毫米；柱头 20—24，线形，长 3—3.3 毫米，先端长渐尖，开展，黄白色。浆果红色，长球形，长 7—12 厘米，直径 5—10 厘米，果脐小，果肉白色。种子倒卵形，长 2 毫米，宽 1 毫米，厚 0.8 毫米，黑色，种脐小。花期 7—12 月。

植
物

黄皮

Clausena lansium (Lour.) Skeels

黄皮，芸香科，黄皮属。俗称黄弹。因成熟果实表皮黄色，故名。小乔木。原产于广东。中国台湾、福建、广东、海南、广西、贵州南部、云南及四川金沙江河谷均有栽培。世界热带及亚热带地区间有引种。

黄皮树形优雅，果实成熟时明黄色，在绿叶间煞是灿烂诱人。中国南方果品之一，除鲜食外尚可盐渍或糖渍成凉果。有消食、顺气、除暑热功效。根、叶及果核（即种子）有行气、消滞、解表、散热、止痛、化痰功效。治腹痛、胃痛、感冒发热等症。

黄皮株高达5米。奇数羽状复叶，小叶5—11片，卵形或卵状椭圆形，长6—14厘米，基部近圆或宽楔形，叶缘波状或具浅圆锯齿，上面中脉常被细毛；小叶柄长4—8毫米。花顶生，多花；花瓣5，白色，稍芳香，长圆形，长约5毫米，被毛；雄蕊10，长者与花瓣等长，花丝下部稍宽；子房密被长毛，子房柄短。果球形、椭圆形或宽卵形，长1.5—3厘米，径1—2厘米，淡黄至暗黄色，被毛，果肉乳白色，半透明。花期3—5月，果期6—8月。

植
物

重瓣朱槿

Hibiscus rosa-sinensis var. *rubro-plenus* Sweet

重瓣朱槿，锦葵科，木槿属。俗称酸醋花、月月开、朱槿牡丹。因其花是重瓣，且花似木槿，朝开暮萎，花开不绝而得名。朱槿的变种。与朱槿的主要不同处在于花重瓣，花有红色、淡红色、橙黄色。栽培于广东、广西、云南、四川、北京等地。

重瓣朱槿产于中国南方。重瓣朱槿喜温暖湿润气候，不耐寒霜，较耐旱和水；对土壤要求不高，在深厚肥沃、疏松、肥力中等以上的微酸性土壤中生长较好，喜光及通风良好。重瓣朱槿的繁殖方法有扦插繁殖、播种繁殖和嫁接繁殖。

《本草纲目》记载："叶及花，气味甘、平、无毒，主治痈疽、腮肿。"重瓣朱槿其叶、花可入药，有解毒、利尿、调经的功效。重瓣朱槿花大艳丽，四季常开，是优美观赏树种，绿地、庭园可用作绿篱、盆栽。茎皮含纤维，可制绳索。重瓣朱槿也可食用，叶可做馅、做成油炸食品，花可生品或用开水漂后以醋或其他调料调拌成为一道凉菜。

火焰树

Spathodea campanulata P. Beauv.

    火焰树，紫葳科，火焰树属。俗称火焰木、火烧花、喷泉树、苞萼木。大乔木。因其开花时花朵多而密，花色猩红，花姿艳丽，形如火焰，故名火焰树。原产于非洲热带。中国广东、福建、台湾、云南（西双版纳）均有栽培。印度、斯里兰卡也有种植。花美丽，树形优美，是风景观赏树种。

    火焰树盛花期在冬季，可谓"冬天的一把火"。树形壮丽，花开碧色之中，如同火焰朵朵，煞是摄人心魄，不禁令人感叹上天的造化之功。火焰树通过昆虫、鸟类传粉，种子如蝉翼，可以随风远播。是热带地区优选的园林绿化树种。作为孤植树植于庭园，更凸显其独树一帜的热带风情。

    火焰树株高 10 米，树皮平滑，灰褐色。奇数羽状复叶，对生，连叶柄长达 45 厘米；小叶 13—17 枚，叶片椭圆形至倒卵形，长 5—9.5 厘米，宽 3.5—5 厘米，顶端渐

植
物

尖，基部圆形，全缘，背面脉上被柔毛，基部具 2—3 枚腺体；叶柄短，被微柔毛。伞房状总状花序，顶生，密集；花序轴长约 12 厘米，被褐色微柔毛，具有明显的皮孔；花梗长 2—4 厘米；苞片披针形，长 2 厘米；小苞片 2 枚，长 2—10 毫米。花萼佛焰苞状，外面被短绒毛，顶端外弯并开裂，基部全缘，长 5—6 厘米，宽 2—2.5 厘米。花冠一侧膨大，基部紧缩成细筒状，檐部近钟状，直径约 5—6 厘米，长 5—10 厘米，橘红色，具紫红色斑点，内面有突起条纹，裂片 5，阔卵形，不等大，具纵褶纹，长 3 厘米，宽 3—4 厘米，外面橘红色，内面橘黄色。雄蕊 4，花丝长 5—7 厘米，花药长约 8 毫米，个字形着生。花柱长 6 厘米，柱头卵圆状披针形，2 裂。花盘环状，高 4 毫米。蒴果黑褐色，长 15—25 厘米，宽 3.5 厘米。种子具周翅，近圆形，长和宽均为 1.7—2.4 厘米。花期 4—5 月。

姜花

Hedychium coronarium J. König

姜花，姜科，姜花属。俗称峨眉姜花、蝴蝶花、白草果。原产于亚洲。生于林中或栽培。

姜花色泽洁白，形似蝴蝶。花香馥郁，如同百合与栀子混合的气味。常栽培供观赏。亦可浸提姜花浸膏，用于调和香精中。根茎能解表、散风寒，治头痛、身痛、风湿痛及跌打损伤等症。

姜花是不是姜（食用调料）的花，常常使人迷惑。其实，姜花不是姜的花。在分类学上，尽管姜花是姜科家族的成员，但分属（一个姜花属，一个姜属）两种不同的植物。在名物上，姜花开的不是姜的花，的确叫人不解。植物学家在命名的时候，常常比较"姜"硬和高冷。好在专业的命名也渐渐考虑到民间的呼吁了。

茎高达 2 米。叶长圆状披针形或披针形，长 20—40 厘米，先端长渐尖，基部尖，上面光滑，下面被柔毛；无柄，叶舌薄膜质，长 2—3 厘米。穗状花序顶生，椭圆形，长 10—20 厘米；苞片覆瓦状排列，紧密，卵圆形，长 4.5—5 厘米，每苞片有 2—3 花。花白色；花萼管长约 4 厘米，无毛，顶端一侧开裂；花冠管纤细，长 8 厘米，裂片披针形，长约 5 厘米，后方 1 枚兜状，先端具小尖头；侧生退化雄蕊长圆状披针形，长约 5 厘米；唇瓣倒心形，长和宽约 6 厘米，白色，基部稍黄，先端 2 裂；花丝长约 3 厘米，药室长 1.5 厘米；子房被绢毛。花期 8—12 月。

植
物

苣荬菜

Sonchus wightianus DC.

苣（qǔ）荬菜，菊科，苦苣菜属。多年生草本。原产于欧洲或中亚。现而今，几近全球分布。中国浙江、江西、福建、湖北、湖南、广东、四川、贵州、云南有分布。生于山坡草地、林间草地、潮湿地或近水旁。

苣荬菜也是民间所食苦菜的一种。全草入药。性苦，寒。有清热解毒、利湿排脓、凉血止血之功效，在《本草纲目》《神农本草经》中均有记载 。具有抗菌、降血压、降胆固醇、抗肿瘤、保肝之作用。

苣荬菜根垂直直伸，多少有根状茎。茎直立，高30—150厘米，有细条纹，上部或顶部有伞房状花序分枝，花序分枝与花序梗被稠密的头状具柄的腺毛。基生叶多数，与中下部茎叶全形倒披针形或长椭圆形，羽状或倒向羽状深裂、半裂或浅裂，全长6—24厘米，宽1.5—6厘米，侧裂片2—5对，偏斜半椭圆形、椭圆形、卵形、偏斜卵形、偏斜三角形、半圆形或耳状，顶裂片稍大、长卵形、椭圆形或长卵状椭圆形；全部叶裂片边缘有小锯齿或无锯齿而有小尖头；上部茎叶及接花序分枝下部的叶披针形或线钻形，小或极小；全部叶基部渐

窄成长或短翼柄，但中部以上茎叶无柄，基部圆耳状扩大半抱茎，顶端急尖、短渐尖或钝，两面光滑无毛。头状花序在茎枝顶端排成伞房状花序。总苞钟状，长1—1.5厘米，宽0.8—1厘米，基部有稀疏或稍稠密的长或短绒毛。总苞片3层，外层披针形，长4—6毫米，宽1—1.5毫米，中内层披针形，长达1.5厘米，宽3毫米；全部总苞片顶端长渐尖，外面沿中脉有1行头状具柄的腺毛。舌状小花多数，黄色。瘦果稍压扁，长椭圆形，长3.7—4毫米，宽0.8—1毫米，每面有5条细肋，肋间有横皱纹。冠毛白色，长1.5厘米，柔软，彼此纠缠，基部连合成环。花果期1—9月。

植
物

苦蘵

Physalis angulata L.

　　苦蘵（zhī），茄科，酸浆属。俗称灯笼泡、灯笼草、蘵、黄蒢、蘵草、小苦耽、鬼灯笼、天泡草、爆竹草、劈柏草、响铃草、响泡子。一年生草本。分布于中国华东、华中、华南及西南。日本、印度、澳大利亚和美洲亦有。常生于海拔 500—1500 米的山谷林下及村边路旁。

　　苦蘵与同属的酸浆常被混淆。究其原因，主要是苦蘵的植株、果实与酸浆形似。但熟悉的话，可以看出，酸浆果实成熟时橙红色，花比苦蘵更大。

　　《本草纲目》载："酸浆、苦蘵，一种二物也，但大者为酸浆，小者为苦蘵，以此为别。败酱亦名苦蘵，与此不同。"作为草药，具有清热、利尿、解毒、消肿之功效。常用于感冒、肺热咳嗽、咽喉肿痛、牙龈肿痛、湿热黄疸、痢疾、水肿、热淋、天疱疮、疔疮。

　　株高达 50 厘米。茎疏被短柔毛或近无毛。叶卵形或卵状椭圆形，长 3—6 厘米，宽 2—4 厘米，先端渐尖或尖，基部宽楔形或楔形，稍偏斜，全缘或具不等粗齿，两面近无毛；叶柄长 1—5 厘米。花梗长 0.5—1.2 厘米，纤细，被短柔毛；花萼长 4—5 毫米，被短柔毛，裂片披针形，具缘毛；花冠淡黄色，喉部具紫色斑纹，长 4—6 毫米，径 6—8 毫米；花药蓝紫或黄色，长约 1.5 毫米。宿萼卵球状，径 1.5—2.5 厘米，薄纸质；浆果径约 1.2 厘米。种子盘状，径约 2 毫米。花期 5—7 月，果期 7—12 月。

125

鳢肠

Eclipta prostrata (L.) L.

　　鳢（lǐ）肠，菊科，鳢肠属。俗称凉粉草、墨汁草、墨旱莲、墨菜、旱莲草、野万红、黑墨草。一年生草本。世界热带及亚热带地区广布。喜生路旁、河岸。全草入药，有凉血、止血、消肿、强壮之功效。

　　鳢肠名字很奇特，有个小名叫墨旱莲。李时珍在《本草纲目》解释说："鳢，乌鱼也，其肠亦乌。此草柔茎，断之有墨汁出，故名，俗呼墨菜是也。细实颇如莲房状，故得莲名。"鳢，其实是一种乌鱼，肠黑色，鳢肠草的草茎柔韧似肠，掐断会有黑色的草汁渗出，好像乌鱼

肠一样。

株高15—60厘米。茎直立或平卧，被伏毛，着土后节上易生根。叶披针形、椭圆状披针形或条状披针形，长3—10厘米，全缘或有细锯齿，无叶柄或基部叶有叶柄，被糙伏毛。头状花序直径约9毫米，有梗，腋生或顶生；总苞片5—6枚，草质，被毛；托片披针形或刚毛状；花杂性；舌状花雌性，白色，舌片小，全缘或2裂；筒状花两性，有裂片4。筒状花的瘦果三棱状，舌状花的瘦果扁四棱形；表面具瘤状突起，无冠毛。

植
物

蓝花楹

Jacaranda mimosifolia D. Don

蓝花楹，紫葳科，蓝花楹属。俗称蓝楹、含羞草叶楹、含羞草叶蓝花楹。落叶乔木。原产于巴西、阿根廷、玻利维亚。中国广东、海南、广西、福建、云南南部（西双版纳）有栽培。是优质的庭园和道路绿化树种。木材黄白色至灰色，质软而轻，纹理通直，加工容易，可作家具用材。

蓝花楹花开时好似满树披着紫色的云朵。羽毛般轻盈的枝叶，更显热带植物独有的气质和样貌。盛花期的蓝花楹，孤植自成一景，片林当如蓝海。深受大众的喜爱。

株高达 15 米。叶对生，为 2 回羽状复叶，羽片通常在 16 对以上，每 1 羽片有小叶 16—24 对；小叶椭圆状披针形至椭圆状菱形，长 6—12 毫米，宽 2—7 毫米，顶端急尖，基部楔形，全缘。花蓝色，花序长达 30 厘米，直径约 18 厘米。花萼筒状，长宽约 5 毫米，萼齿 5。花冠筒细长，蓝色，下部微弯，上部膨大，长约 18 厘米，花冠裂片圆形。雄蕊 4 枚，2 强，花丝着生于花冠筒中部。子房圆柱形，无毛。蒴果木质，扁卵圆形，长宽均约 5 厘米，中部较厚，四周逐渐变薄，不平展。花期 5—6 月。

植
物

荔枝

Litchi chinensis Sonn.

　　荔枝，无患子科，荔枝属。西汉始称离支，大约东汉时称荔枝。常绿乔木。原产于中国南部，已有 2000 多年栽培历史。荔枝被公认为原产地在中国南部的热带亚热带地区。海南和云南的热带森林中先后发现野生荔枝。分布于广东、福建、广西、四川、云南、贵州。东南亚、美洲、非洲也有引种。

　　最早的记录见于汉代的《上林赋》《异物志》和晋代的《南方草木状》等古籍。吴其濬的《植物名实图考长编》一书记录荔枝 6 种。蔡襄《荔枝谱》和吴应逵《岭南荔枝谱》都是荔枝专著，详细记述了荔枝的历史资料、产地、品种、种植、虫害、物候、加工和食用等各个方面。蔡著侧重于福建的材料，吴著则本于广东的经验和名品。这些

文献为荔枝的研究工作提供了极有价值的历史资料。

荔枝的栽培品种很多，以成熟期、色泽、小瘤状凸体的显著度和果肉风味等性状区分。著名的品种如广东的三月红、玉荷包（早熟），黑叶、怀枝（中熟），挂绿、糯米糍（晚熟）等。福建的名品有状元红、陈紫和兰竹等，兰竹不仅品质好，而且适于山区种植。此外四川的大红袍和楠木叶也是该地的名品。

荔枝果核可入药，为收敛止痛剂，治心气痛和小肠气痛。木材坚实，深红褐色，纹理雅致、耐腐，历来为上等名材。广东将野生或半野生（均种子繁殖）的荔枝木材列为特级材，栽培荔枝木材列为一级材，主要用作造船、梁、柱及上等家具。花多，富含蜜腺，是重要的蜜源植物，荔枝蜂蜜是品质优良的蜜糖之一，深受广大群众欢迎。

荔枝株高 8—20 米；小枝有白色小斑点和微柔毛。双数羽状复叶，互生，连柄长 10—25 厘米；小叶 2—4 对，革质，披针形至矩圆状披针形，长 6—15 厘米，宽 2—4 厘米，上面有光泽，下面粉绿。圆锥花序顶生，长 16—30 厘米，有褐黄色短柔毛；花小，绿白色或淡黄色，杂性；花萼杯状，有锈色小粗毛，萼片 4；无花瓣；雄蕊常为 8。核果球形或卵形，直径 2—3.5 厘米，果皮暗红色，有小瘤状突起；种子为白色、肉质、多汁、甘甜的假种皮所包。

龙眼

Dimocarpus longan Lour.

　　龙眼，无患子科，龙眼属。俗称桂圆、圆眼、羊眼果树。常绿乔木。原产于中国南部，广泛栽植于福建、广东、云南等地，其中，在广东、海南及广西仍有野生或半野生林。亚洲南部和东南部也有栽培。

　　中国自古栽培龙眼，肉质假种皮富含维生素和磷质，具有益脾、健脑之作用。种子含淀粉，经处理后，可酿酒。木材坚实耐水，是造船、家具、细木工的优良用材。

　　《本草纲目》记载，"食品以荔枝为贵，而资益则龙眼为良"，龙眼具有"开胃健脾，补虚益智"的功效。龙眼性温味甘，益心脾，补气血。古代文献如《神农本草经》和《南方草木状》都有关于龙眼的记述。

　　株高 10 余米，间有高达 40 米、胸径 1 米、具板根的大乔木。小枝被微柔毛，散生苍白色皮孔。小叶（3）4—5（6）对，长圆状椭圆形或长圆状披针形，两侧常不对称，长 6—15 厘米，宽 2.5—5 厘米，先端短钝尖，基部极不对称，下面粉绿色，两面无毛，侧脉 12—15 对；小叶柄长不及 5 毫米。花序密被星状毛。花梗短；萼片近革质，三角状卵形，两面被褐黄色绒毛和成束的星状毛；花瓣乳白色，披针形，与萼片近等长，外面被微柔毛。果近球形，径 1.2—2.5 厘米，黄褐或灰黄色，稍粗糙，稀有微凸小瘤体。种子全为肉质假种皮包被。花期春夏间，果期夏季。

植
物

芦苇

Phragmites australis (Cav.) Trin. ex Steud.

芦苇，禾本科，芦苇属。别称芦、苇、葭。多年生草本。生于江河湖泽、池塘沟渠沿岸和低湿地。全球广泛分布。在各种有水源的空旷地带，常形成连片芦苇群落。秆为造纸原料或作编席织帘及建棚材料；茎叶嫩时为饲料；根茎供药用。

在禾本科野生植物中，在水一方的芦苇可以说是"最文化"的。《诗经》中的"蒹葭苍苍，白露为霜，所谓伊人，在水一方"已被传颂了 2500 年了。可以说，生长在《诗经》中的芦苇，比摇曳在湖泊池塘中的，更楚楚动人，经久不衰。

秆高 1—3 米，径 1—4 厘米，具 20 多节，最长节间位于下部第 4—6 节，长 20—25（—40）厘米，节下被蜡粉。叶鞘下部者短于上部者，长于节间；叶舌边缘密生一圈长约 1 毫米的纤毛，两侧缘毛长 3—5 毫米，易脱落；叶片长 30 厘米，宽 2 厘米。圆锥花

序长 20—40 厘米，宽约 10 厘米，分枝多数，长 5—20 厘米，着生稠密
下垂的小穗。小穗柄长 2—4 毫米，无毛；小穗长约 1.2 厘米，具 4 花。
颖具 3 脉，第一颖长约 4 毫米；第二颖长约 7 毫米。第一不孕外稃雄性，
长约 1.2 厘米，第二外稃长约 1.1 厘米，3 脉，先端长渐尖，基盘长，两
侧密生等长于外稃的丝状柔毛，与无毛的小穗轴相连接处具关节，成熟
后易自关节脱落；内稃长约 3 毫米，两脊粗糙。颖果长约 1.5 毫米。

植
物

萝卜

Raphanus sativus L.

　　萝卜，十字花科，萝卜属。俗称菜头、白萝卜、莱菔、莱菔子、水萝卜、蓝花子。一年生草本。原产于欧洲和亚洲西南部。自古至今，中国各地普遍栽培。朝鲜、日本也有分布。

　　从西周到春秋的五六百年间，中国萝卜主要在黄河流域中下游地区栽培。贾思勰的《齐民要术》中已有萝卜栽培方法的记载。宋代苏颂的

《图经》记载："莱菔南北通有，北土尤多。"可见，到宋代，中国栽培萝卜已较普遍。明代李时珍的《本草纲目》中所言"莱菔天下通有之"说明萝卜已成为中国的大众化蔬菜。

　　萝卜药食兼备。能消食化热、驱邪热气，亦能清热生津止渴。《本草纲目》和《新修本草》均有记载。萝卜富含碳水化合物、维生素及磷、铁等无机盐。常吃萝卜可促进人体新陈代谢，是民间

秋冬之时的家常蔬菜。元代诗人许有壬的"熟登甘似芋，生荐脆如梨"，描述了萝卜的口感，表达了自己对萝卜酥脆口感的认同和赞美。

　　根肉质，长圆形、球形或圆锥形，外皮白、红或绿色。茎高1米，分枝，被粉霜。基生叶和下部叶大头羽状分裂，长8—30厘米，顶裂片卵形，侧裂片2—6对，向基部渐小，长圆形，有锯齿，疏被单毛或无毛；上部叶长圆形或披针形，有锯齿或近全缘。总状花序顶生或腋生。萼片长圆形，长5—7毫米；花瓣白、粉红或淡红紫色，有紫色纹，倒卵形，长1—2厘米，基部爪长0.5—1厘米。长角果圆柱形，长（1—）3—6厘米，在种子间稍缢缩，横隔海绵质，喙长1—1.5厘米。种子1—6粒，卵圆形。花期4—5月，果期5—6月。

植
物

络石

Trachelospermum jasminoides (Lindl.) Lem.

　　络石，夹竹桃科，络石属。俗称万字茉莉、络石藤、风车藤、花叶络石、三色络石、黄金络石、变色络石。藤本植物。《本草纲目》对络石命名的缘由解释说："以其包络石木而生，故名络石。"

　　络石广布于中国山东、安徽、江苏、浙江、福建、台湾、江西、河北、河南、湖北、湖南、广东、广西、云南、贵州、四川、陕西等地。生于山野、溪边、路旁或杂木林中。常攀援于树上、岩上、壁上。园圃中也有栽培。日本、朝鲜和越南也有分布。

　　络石根、茎、叶、果实可供药用，有祛风活络、利关节、止血、止痛消肿、清热解毒的功效。民间常用来治关节炎、跌打损伤、产后腹痛等症。茎皮纤维拉力强，可制绳索，造纸及人造棉。花芳香，可提取制作"络石浸膏"。

　　络石长达 10 米。小枝被短柔毛，老时无毛。叶革质，卵形、倒卵形或窄椭圆形，长 2—10 厘米，无毛或下面疏被短柔毛；叶柄长 0.3—1.2

厘米。聚伞花序圆锥状，顶生及腋生，花序梗长 2—6 厘米，被微柔毛或无毛。花萼裂片窄长圆形，长 2—5 毫米，反曲，被短柔毛及缘毛；花冠白色，裂片倒卵形，长 0.5—1 厘米，花冠与裂片等长，中部膨大，喉部无毛或在雄蕊着生处疏被柔毛，雄蕊内藏；子房无毛。蓇葖果线状披针形，长 10—25 厘米，径 0.3—1 厘米。种子长圆形，长 1.5—2 厘米，顶端具白色绢毛，毛长 1.5—4 厘米。花期 3—8 月，果期 6—12 月。

植
物

旅人蕉

Ravenala madagascariensis Sonn.

旅人蕉，鹤望兰科，旅人蕉属。多年生草本植物。原产于非洲马达加斯加。20世纪中叶从古巴引入中国。中国广东、台湾、福建、云南等地常见栽培。

旅人蕉是一种典型的热带植物，充满了异域风情。叶形似芭蕉，开展生长，仿佛一把大折扇。喜高温多湿的生态环境条件。宜生于土肥、深厚和排水良好的多种土壤，在水分较充足的砾石土壤中，也能较好地生长。

旅人蕉叶鞘内可以贮存雨水。巨大的叶片所承接的雨水沿叶柄流入叶柄槽内。下部宽大的叶柄紧密贴合，保证了雨水只进不出，再加上叶柄自身光滑且有蜡质的表皮，不仅有效防止水分蒸发，还可以提高自身的抗旱能力。用小刀在叶柄底部划开一个小口子，贮存的清水立刻涌出。旅人蕉的叶柄能储存好几斤水，开的小口子

会自动闭合。几天以后，又可以为后来的旅行者提供清水解渴了。这就是旅人蕉名字的来历。

旅人蕉茎似棕榈，高5—6米（原产地高达30米）。叶2行，排列于茎顶，形似大折扇；叶长圆形，似蕉叶，长达2米，叶柄长，具鞘。花序腋生，较叶柄短，由10—12个成2行排列于花序轴上的佛焰苞所组成；佛焰苞长25—35厘米，舟状；花两性，白色，在佛焰苞内排成蝎尾状聚伞花序。萼片3，分离，几相等；花瓣3，与萼片相似，近等长，仅中央1枚稍窄；发育雄蕊6，分离；子房扁，3室，每室胚珠多数，花柱线形，柱头纺锤状，具6枚短齿。蒴果木质，室背3瓣裂，种子多数。种子肾形，长10—12厘米，包藏于蓝或红色呈撕裂状假种皮内。

植
物

蔓九节

Psychotria serpens L.

蔓九节，茜草科，九节属。俗称匍匐九节、上树龙、崧筋藤、蜈蚣藤、穿根藤、风不动藤、擒壁龙。攀援藤本。产于华南、华东等地。越南和日本也有分布。常以气根攀附于树上或石上。可入药，具有舒筋活络、祛风止痛之功效。

蔓九节生命力旺盛，叶形雅致，既具素朴沉静之格调，又有灵动飘逸之风情。附着树干、石墙，极具藤本植物特有的形式感和画面感，是庭园栽培植物不可多得的种类。

蔓九节长达5米或更长，全株无毛；嫩枝稍扁，有细直纹，老枝柱状，近木质，攀附枝有一列短而密的气根。叶对生，厚纸质，椭圆形至卵形，或倒卵形至倒披针形，长2—6厘米，游离枝上的较大，通常钝头，边缘反卷，侧脉稀疏，约4—6对，不很明显；叶柄长3—5毫米；托叶披针形，很快脱落。聚伞花序顶生，有花多朵，总花梗长可达3厘米；花小，白色，芳香；萼檐碟状，有5个不很明显的裂片；花冠长5—6毫米，仅喉部有毛。浆果状核果常近球状，直径4—6毫米，白色。

蔓马缨丹

Lantana montevidensis Briq.

蔓马缨丹，马鞭草科，马缨丹属。俗称紫花马缨丹。因其花朵簇若"马缨"，果实溜圆似丹丸，故名。与另一种马缨丹（*Lantana camara*），也叫五色梅的植物，花形类似，而花色不同：蔓马缨丹是蓝色的头状花序，马樱丹则五彩缤纷。

蔓马缨丹的头状花序直径约2.5厘米，具长总花梗；花长约1.2厘米，淡紫红色。苞片阔卵形，长不超过花冠管的中部。世界热带地区广布，常见于空旷地带、海边与草地。中国福建、广东也有栽培。

植
物

使君子

Combretum indicum (L.) Jongkind

使君子，使君子科，使君子属。俗称四君子、史君子、舀求子、西蜀使君子、毛使君子。攀援状灌木。主产于中国福建、台湾（栽培）、江西南部、湖南、广东、广西、四川、云南、贵州。印度、缅甸、菲律宾亦有分布。

晋代嵇含《南方草木状》中称为留求子，为儿童驱蛔的草药。为纪念唐代儿科医生郭使君，后用使君子名。

使君子可高达 8 米。小枝被棕黄色柔毛。叶对生或近对生，卵形或椭圆形，长 5—11 厘米，先端短渐尖，基部钝圆，上面无毛，下面有时疏被棕色柔毛，侧脉 7—8 对；叶柄长 5—8 毫米，无关节，幼时密被锈色柔毛。顶生穗状花序组成伞房状；苞片卵形或线状披针形，被毛；萼筒长 5—9 厘米，被黄色柔毛，先端具广展、外弯萼齿；花瓣长 1.8—2.4 厘米，先端钝圆，初白色，后淡红色；雄蕊 10，不伸出冠外，外轮生于花冠基部，内轮，生于中部；子房具 3 胚珠。果卵圆形，具短尖，长 2.7—4 厘米，无毛，具 5 条锐棱，熟时外果皮脆薄，青黑或栗色；种子圆柱状纺锤形，白色，长 2.5 厘米。花期初夏，果在秋末。

植
物

杧果

Mangifera indica L.

　　杧果，漆树科，杧果属。俗称檬果、芒果、莽果、蜜望子、蜜望、望果、抹猛果、马蒙。大乔木。原产于印度、孟加拉国、中南半岛和马来半岛。中国海南、云南南部、福建、广东、台湾、四川、广西等地有栽培。

　　杧果生于海拔 200—1350 米的山坡、河谷或旷野的林中。国内外已广为栽培，并培育出百余个品种。中国目前栽培的已达 40 余个品种之多。

　　杧果为热带著名水果。果熟汁多，口味甘美。可制罐头和果酱或盐渍供调味，亦可酿酒。果皮入药，为利尿峻下剂。果核疏风止咳。叶和树皮可作黄色染料。木材坚硬，耐海水，宜造舟车或家具等。树冠球形，常绿，郁闭度大，为热带良好的庭园和行道树种。

株高达20米。叶长圆形或长圆状披针形，长12—30厘米，先端渐尖，侧脉20—25对；叶柄长2—6厘米。圆锥花序长20—35厘米，具总梗，被黄色微柔毛，萼片长2.5—3毫米，被微柔毛；花瓣长3.5—4毫米，具3—5突起脉纹；能育雄蕊1，长约2.5毫米，退化雄蕊3—4，具极短花丝及不育疣状花药。核果肾形，长5—10厘米，径3—4.5厘米，果核扁。

植
物

黄槿

Talipariti tiliaceum (L.) Fryxell

    黄槿，锦葵科，黄槿属。别称右纳、桐花、海麻、万年春、盐水面头果。常绿灌木或小乔木。原产于热带美洲。分布于中国福建、台湾、广东、香港、海南、广西及四川。越南、柬埔寨、老挝、缅甸、印度、印度尼西亚、马来西亚及菲律宾也有。

    黄槿树形优雅，花开夏秋，是热带地区庭园和道路绿化的优选树种，还有防风固滩的作用。可入药，味甘、淡，性凉，有清热解毒的功效。嫩叶可炒食、煮汤。黄槿木质坚硬致密、耐腐蚀，宜作造船、建筑

及家具用材，它的树皮纤维可制绳索。

株高达10米。小枝无毛或疏被星状绒毛。叶近圆形或宽卵形，径8—15厘米，先端尖或短渐尖，基部心形，全缘或具细圆齿，上面幼时疏被星状毛，后逐渐脱落无毛，下面密被灰白色星状绒毛并混生长柔毛，基脉7—9；叶柄长2—8厘米，托叶长圆形，长约2厘米，早落。花单生叶腋或数朵花成腋生或顶生总状花序。花梗长1—3厘米，基部具2枚托叶状苞片，被绒毛；小苞片7—10，线状披针形，被绒毛，中部以下连成杯状，被绒毛；花萼杯状，长1.5—3厘米，裂片5，披针形，基部1/3—1/4合生，被绒毛；花冠钟形，径5—7厘米，黄色，内面基部暗紫色，花瓣5，倒卵形，密被黄色柔毛；雄蕊柱长2—3厘米，无毛；花柱分枝5，被腺毛。蒴果卵圆形，长约2厘米，具短缘，被绒毛，果爿5，木质。种子肾形，具乳突。花期6—8月。

植
物

四季米仔兰

Aglaia duperreana Pierre

　　四季米仔兰，楝科，米仔兰属。俗称米兰、碎米兰、兰花米、鱼子兰、树兰、暹罗花、山胡椒、小叶米仔兰。因枝条着生小花，米粒大，香如兰，故名米仔兰。小乔木或灌木状。原产于亚洲南部。生于低海拔山地疏林内或灌丛中。中国广东、海南、广西、福建、贵州、云南、四川等地有栽培。北方温室盆栽供观赏。东南亚有分布。

　　在夏日盛花期，花虽小却香气袭人。南方四季可见，北方盆栽越冬。米仔兰，花含芳香油0.5%—0.8%，可熏茶或提取芳香油。可入药，有

行气解郁、醒酒清肺的功能，治感冒。《广西本草选编》云："行气解郁，气郁胸闷，食滞腹胀，用花 1—3 钱，水煎服。"

茎多分枝，幼枝顶部被星状锈色鳞片。复叶长 5—12（—16）厘米，叶轴及叶柄具窄翅，小叶 3—5，对生，厚纸质，长 2—7（—11）厘米，宽 1—3.5（—5）厘米，先端钝，基部楔形，两面无毛，侧脉 8 对，极纤细。圆锥花序腋生，长 5—10 厘米，无毛。花芳香，径约 2 毫米；雄花花梗纤细，长 1.5—3 毫米，两性花花梗稍粗短；花萼 5 裂，裂片圆形；花瓣 5，黄色，长圆形或近圆形，长 1.5—2 毫米，顶端圆而平截；雄蕊花丝筒倒卵形或近钟形，无毛，顶端全缘或具圆齿，花药 5，内藏；子房密被黄色粗毛。浆果，卵形或近球形，长 0.8—1.2 厘米，初被散生星状鳞片，后脱落。种子具肉质假种皮。花期夏秋。

植
物

木贼

Equisetum hyemale L.

木贼，木贼科，木贼属。俗称千峰草、锉草、笔头草、笔筒草、节骨草。中小型蕨类植物。产于中国黑龙江、吉林、辽宁、内蒙古、河北、河南、山西、陕西、甘肃、青海、新疆、湖北及四川，生于海拔100—3000米。日本、朝鲜半岛、俄罗斯、欧洲、北美及中美洲也有分布。

根茎横走或直立，黑棕色，节和根有黄棕色长毛。地上枝多年生。枝一型，高达1米或更多，中部径（3—）5—9毫米，节间长5—8厘米，绿色，不分枝或基部有少数直立侧枝。地上枝有脊16—22，脊背部弧形或近方形，有小瘤2行；鞘筒长0.7—1厘米，黑棕色或顶部及基部各有一圈黑棕色或顶部有一圈黑棕色，鞘齿16—22，披针形，长3—4毫米，先端淡棕色，膜质，芒状，早落，下部黑棕色，薄革质，基部背面有4纵棱，宿存或同鞘筒早落。孢子囊穗卵状，长1—1.5厘米，径5—7毫米，顶端有小尖突，无柄。

泥胡菜

Hemisteptia lyrata (Bunge) Fisch. & C. A. Mey.

　　泥胡菜，菊科，泥胡菜属。俗称猪兜菜。一年生草本。分布于全国各地。越南、老挝、印度、日本也有。常生于路旁、荒地、林下。

　　泥胡菜茎直立，高 30—80 厘米，无毛或有白色蛛丝状毛。基生叶莲座状，具柄，倒披针形或倒披针状椭圆形，长 7—21 厘米，提琴状羽状分裂，顶裂片三角形，较大，有时 3 裂，侧裂片 7—8 对，长椭圆状倒披针形，下面被白色蛛丝状毛；中部叶椭圆形，无柄，羽状分裂，上部叶条状披针形至条形。头状花序多数；总苞球形，长 12—14 毫米，宽 18—22 毫米；总苞片约 5—8 层，外层较短，卵形，中层椭圆形，内层条状披针形，背面顶端下具 1 紫红色鸡冠状附片；花紫色。瘦果圆柱形，长 2.5 毫米，具 15 条纵肋；冠毛白色，2 层，羽状。

黄花稔

Sida acuta Burm. f.

黄花稔，锦葵科，黄花稔属。产于中国福建东南部、台湾、广东、香港、海南、广西及云南，生于山坡灌丛间、路旁或荒坡。根、叶入药，可抗菌消炎。印度、越南及老挝也有分布。

直立亚灌木状草本，高达 2 米。小枝被星状柔毛或近无毛。叶披针形，长 2—7 厘米，宽 0.5—1.5 厘米，先端尖或渐尖，基部圆或钝，具锯齿，两面无毛或下面疏被星状柔毛，上面偶被单毛；叶柄长 3—6 毫米，疏被柔毛，托叶线形，长 0.5—1 厘米，常宿存。花单朵或成对腋生。花梗长 0.2—1.5 厘米，疏被柔毛，较长者中部具节；花萼杯状，无毛，长约 6 毫米，5 裂，裂片三角形，先端尾尖，宿存；花冠黄色，径 0.8—1 厘米；花瓣 5，倒卵形，被纤毛；雄蕊柱长约 4 毫米，疏被硬毛；花柱分枝 4—9（常6），柱头头状。分果近球形，径约 4 毫米；分果爿（4—）6（—9），无毛，顶端具 2 短芒；果皮具网状皱纹。种子卵状三角形，种脐具柔毛。花期 4—12 月。

植
物

咖啡黄葵

Abelmoschus esculentus (L.) Moench

咖啡黄葵，锦葵科，秋葵属。俗称秋葵、金秋葵、黄秋葵、羊角豆、洋辣椒。一年生草本。原产于印度。中国河北、山东、江苏、浙江、湖南、湖北、云南和广东有引入栽培。全球已广泛栽培于热带和亚热带地区。

咖啡黄葵，即菜篮子里的秋葵，嫩果可作蔬食用。种子含油达15%—20%，油内含少量的棉酚，有小毒，但经高温处理后可供食用或供工业用。由于生长周期短，耐干热，湖南、湖北等省有大面积栽培。

株高1—2米；茎圆柱形，疏生散刺。叶掌状3—7裂，直径10—30厘米，裂片阔至狭，边缘具粗齿及凹缺，两面均被疏硬毛；叶柄长7—15厘米，被长硬毛；托叶线形，长7—10毫米，被疏硬毛。花单生于叶腋间，花梗长1—2厘米，疏被糙硬毛；小苞片8—10，线形，长约1.5厘米，疏被硬

毛;花萼钟形,较长于小苞片,密被星状短绒毛;花黄色,内面基部紫色,直径5—7厘米,花瓣倒卵形,长4—5厘米。蒴果筒状尖塔形,长10—25厘米,直径1.5—2厘米,顶端具长喙,疏被糙硬毛;种子球形,多数,直径4—5毫米,具毛脉纹。花期5—9月。

植
物

水翁蒲桃

Syzygium nervosum DC.

　　水翁蒲桃，桃金娘科，蒲桃属。俗称大叶水榕树、水翁。乔木。产于中国广东、广西及云南等地。喜生于水边。分布于中南半岛、印度、马来西亚、印度尼西亚及大洋洲等地。

　　水翁蒲桃树形俊朗，花序有着桃金娘家族一贯的精细雅致之美。是庭园和道路绿化的佼佼者。花及叶供药用，含酚类及黄酮苷，可治感冒。根可治黄疸型肝炎。

　　高 15 米；树皮灰褐色，颇厚，树干多分枝；嫩枝压扁，有沟。叶片薄革质，长圆形至椭圆形，长 11—17 厘米，宽 4.5—7 厘米，先端急尖或渐尖，基部阔楔形或略圆，两面多透明腺点，侧脉 9—13 对，脉间相隔 8—9 毫米，以 45° 至 65° 开角斜向上，网脉明显，边脉离边缘 2 毫米；叶柄长 1—2 厘米。圆锥花序生于无叶的老枝上，长 6—12 厘米；花无梗，2—3 朵簇生；花蕾卵形，长 5 毫米，宽 3.5 毫米；萼管半球形，长 3 毫米，帽状体长 2—3 毫米，先端有短喙；雄蕊长 5—8 毫米；花柱长 3—5 毫米。浆果阔卵圆形，长 10—12 毫米，直径 10—14 毫米，成熟时紫黑色。花期 5—6 月。

植
物

糖胶树

Alstonia scholaris (L.) R. Br.

糖胶树，夹竹桃科，鸡骨常山属。俗称面条树、大枯树、买担别、大树矮陀陀、大矮陀陀、大树理肺散、理肺散、灯台树、鸭脚木、阿根木、吃力秀、肥猪叶、面架木、金瓜南木皮、英台木、九度叶、鹰爪木、灯架树、黑板树、盆架子、面盆架、盆架树。大乔木。因乳汁丰富，可提制口香糖原料，故名糖胶树。

糖胶树皮、叶均含多种生物碱，供药用。树皮、叶及乳汁可提炼药物治疗疟疾和发汗。民间则用其树皮来治头痛、伤风、痧气、肺炎、百日咳、慢性支气管炎。外用可治外伤、止血、接骨、消肿疖及配制杀虫剂等。

树形美观。花开时节，远观满树恍若雪团掩映在枝叶间。在广东、福建、台湾等省常作行道树或公园栽培观赏。民间因其枝条轮生在主干上，常形象地叫糖

胶树为"盆架子树"。

　　株高达 10 米，有白色乳汁；树皮灰白色，条状纵裂。叶 3—8 枚轮生，革质，倒卵状矩圆形、倒披针形或匙形，长 7—28 厘米，宽 2—11厘米，无毛；侧脉每边 40—50 条，近平行。聚伞花序顶生，被柔毛；花白色；花冠高脚碟状，筒中部以上膨大，内面被柔毛；花盘环状；子房由 2 枚离生心皮组成，被柔毛。蓇葖果 2 枚，离生，细长如豆角，下垂，长 25 厘米；种子两端被红棕色柔毛。

植
物

通泉草

Mazus pumilus (Burm. f.) Steenis

　　通泉草，玄参科，通泉草属。一年生草本。几乎遍布全国。越南、俄罗斯、朝鲜、日本、菲律宾也有。生于海拔 2500 米以下的湿润的草坡、沟边、路旁及林缘。

　　据传说是因有通泉草的地方，地下藏着泉水，故名通泉草。人们喜爱这个传说，因而更愿意相信它是真的。通泉草，花小如指甲盖，斑斑点点，匍匐生长，最接地气。万物有灵，草木被寄托美好的愿望，是东方文明的神奇之处。

株高 3—30 厘米，无毛或疏生短柔毛。主根伸长，垂直向下或短缩，须根纤细，多数，散生或簇生。本种在体态上变化幅度很大，茎 1—5 支或有时更多，直立，上升或倾卧状上升，着地部分节上常能长出不定根，分枝多而披散，少不分枝。基生叶少到多数，有时成莲座状或早落，倒卵状匙形至卵状倒披针形，膜质至薄纸质，长 2—6 厘米，顶端全缘或有不明显的疏齿，基部楔形，下延成带翅的叶柄，边缘具不规则的粗齿或基部有 1—2 片浅羽裂；茎生叶对生或互生，少数，与基生叶相似或几乎等大。总状花序生于茎、枝顶端，常在近基部即生花，伸长或上部成束状，通常 3—20 朵，花稀疏；花梗在果期长达 10 毫米，上部的较短；花萼钟状，花期长约 6 毫米，果期多少增大，萼片与萼筒近等长，卵形，端急尖，脉不明显；花冠白色、紫色或蓝色，长约 10 毫米，上唇裂片卵状三角形，下唇中裂片较小，稍突出，倒卵圆形；子房无毛。蒴果球形；种子小而多数，黄色，种皮上有不规则的网纹。花果期 4—10 月。

西番莲

Passiflora caerulea L.

西番莲，西番莲科，西番莲属。俗称转心莲、西洋鞠、转枝莲、洋酸茄花、时计草。草质藤本。原产于南美洲。栽培于中国广西、江西、四川、云南等地。有时逸生。热带、亚热带地区常见栽培。

西番莲花形精致妙不可言。不是巧夺天工，其本身就是天工打造的美物。有个俗称叫"计时草"，可以说名副其实。柱头3个，犹如时钟的秒针、分针、时针。造物主随随便便的一个"设计"，对人类而言就是一个妙不可言的所在。除供观赏以外，全草入药，有祛风、清热、解毒之功效。

西番莲茎无毛。叶纸质，长5—7厘米，宽6—8厘米，基部近心形，掌状3—7深裂，裂片先端尖或钝，全缘，两面无毛；叶柄长2—3厘米，中部散生2—6腺体；托叶肾形，长达1.2厘米，抱茎，疏具波状齿。聚伞花序具1花。花淡绿色，径6—10厘米；花梗长3—4厘米；苞片宽卵形，长 1.5—3 厘米，全缘；萼片长圆状披针形，长 3—4.5 厘米；花瓣长圆形，与萼片近等长；副花冠裂片丝状，3 轮排列，外轮和中轮长 1—1.5 厘米，内轮长 1—2 毫米；内花冠裂片流苏状，紫红色；雌雄蕊柄长 0.8—1 厘米；花丝长约 1 厘米，花药长约 1.3 厘米；柱头肾形，花柱 3，长约 1.5 厘米，子房卵球形。果橙色或黄色，卵球形或近球形，长 5—7 厘米，径 4—5 厘米。花期 5—7 月，果期 7—9 月。

植
物

萱草

Hemerocallis fulva (L.) L.

　　萱草，百合科，萱草属。俗称折叶萱草、黄花菜、忘忧草、鹿葱、川草花、忘郁、丹棘。多年生草本。原产于中国。安徽、福建、广东、广西、贵州、河北、河南、湖北、湖南、江苏、江西、陕西、山东、山西、四川、台湾、西藏、云南、浙江有栽培。印度、日本、韩国、俄罗斯也有分布。喜生于林下、灌丛、河边、草原。

　　萱草在中国有悠久的栽培史。早在两千多年前的《诗经·魏风》中已有记载。之后为数众多的植物学著作中，如《救荒本草》《花镜》《本草

纲目》等多有记述。经过长期栽培，萱草的类型极多，如叶的宽窄、质地，花的色泽，花被管的长短，花被裂片的宽窄等变异很大，不易划分，加上各地常有栽培后逸为野生的，分布区也难以判断。

根近肉质，中下部有纺锤状膨大；叶一般较宽；花早上开晚上凋谢，无香味，橘红色至橘黄色，内花被裂片下部一般有∧形彩斑。根据这些特征可以区别于本国产的其他种类。花果期为5—7月。

萱草具短的根状茎和肉质、肥大的纺锤状块根。叶基生，排成两列，条形，长40—80厘米，宽1.5—3.5厘米，下面呈龙骨状突起。花葶粗壮，高60—100厘米，蝎壳状聚伞花序复组成圆锥状，具花6—12朵或更多；苞片卵状披针形；花橘红色，无香味，具短花梗；花被长7—12厘米，下部2—3厘米合生成花被筒；外轮花被裂片3，矩圆状披针形，宽1.2—1.8厘米，具平行脉；内轮裂片3，矩圆形，宽达2.5厘米，具分枝的脉，中部具褐红色的色带，边缘波状皱褶；盛开时裂片反曲，雄蕊伸出，上弯，比花被裂片短；花柱伸出，上弯，比雄蕊长。蒴果矩圆形。

植
物

夜香树

Cestrum nocturnum L.

夜香树，茄科，夜香树属。俗称夜来香、夜丁香、夜香木、夜香花、夜光花、木本夜来香、洋素馨。直立或近攀援状灌木。原产于南美洲。现广泛栽培于世界热带地区。中国福建、广东、广西和云南有栽培。北方常盆栽以顺利越冬。

夜香树枝繁花密，花期绵长，香气浓郁，适宜庭园、窗前、墙沿、草坪种植，也是鲜切花的优质用材。花可制成果酱、果冻、色拉等食

品，也可蒸制香油，制茶和作烹调菜肴的调味品。

需要指出的是，夜香树（*Cestrum nocturnum*）与月见草（*Oenothera biennis*）、待宵草（*Oenothera stricta*）都俗称夜来香，但在分类学上，各归其主，不能混淆。而正宗的在植物志有"户籍"的夜来香唯有 *Telosma cordata*（夜来香）。

株高 2—3 米。茎圆柱形，有长而下垂的枝条。单叶互生，纸质，矩圆状卵形或矩圆状披针形，长 8—15 厘米，宽 2.5—4 厘米，顶端渐尖，基部近圆形，全缘。花序伞房状，腋生和顶生，疏散，长 7—10 厘米；花绿白色至黄绿色，晚间极香；花萼短，5 齿裂；花冠狭长管状，上部稍扩大，长约 2 厘米，5 浅裂，裂片短尖，近直立；雄蕊 5；子房 2 室。浆果小，有 1 颗种子。

植
物

银合欢

Leucaena leucocephala (Lam.) de Wit

　　银合欢，豆科，银合欢属。俗称白合欢、灰金合欢。原产于热带美洲，现广植于世界各热带地区。中国台湾、福建、广东、广西及云南等地有引种，有野化现象。生于低海拔的荒地或疏林中。耐旱力强，适宜作荒山造林树种，为良好的薪炭用材。

　　幼枝被短柔毛，老枝无毛，具褐色皮孔，无刺；托叶三角形，小。羽片4—8对，长5—9（—16）厘米，叶轴被柔毛，在最下一对羽片着生处有1个黑色腺体；小叶5—15对，线状长圆形，长0.7—1.3厘米，基部楔形，先端急尖，边缘被短柔毛，中脉偏向小叶上缘，两侧不等宽。头状花序常1—2腋生，径2—3厘米；苞片紧贴，被毛，早落；花序梗长2—4厘米。花白色；花萼长约3毫米，顶端具5细齿，外面被柔毛；花瓣窄倒披针形，长约5毫米，背面被疏柔毛；雄蕊10，常被疏柔毛，长约7毫米；子房具短柄，上部被柔毛，柱头凹下呈杯状。荚果带状，长10—18厘米，顶端凸尖，基部有柄，被微柔毛，纵裂。种子6—25颗，卵圆形，长约7.5毫米，褐色，扁平，光亮。花期4—7月，果期8—10月。

长春花

Catharanthus roseus (L.) G. Don

　　长春花，夹竹桃科，长春花属。原
产于马达加斯加。现在热带地区广泛栽
培，已驯化。中国江苏、浙江、福建、
江西、湖南、广东、广西、海南、云南、
贵州、四川及河南等地有栽培。

　　长春花，全株含长春花碱，可药用，
有治疗腹泻、糖尿病、高血压、皮肤病
之功效。在国外有用来治白血病、淋巴
肿瘤、肺癌、绒毛膜上皮癌、血癌和子
宫癌的报道。

　　多年生草本或亚灌木状，高达1米。
叶草质，倒卵形或椭圆形，长2.5—9厘
米，先端具短尖头，基部楔形，侧脉7—
11对。花冠红、粉红或白色，常具粉红、
稀黄色斑，裂片宽倒卵形，长1.2—2厘
米，花冠筒长2.5—3厘米，内面疏被柔
毛，喉部被长柔毛。蓇葖果长2—3.8厘
米，径约3厘米。花期春至秋。

栀子

Gardenia jasminoides J.Ellis

栀子，茜草科，栀子属。俗称水横枝、黄果子、野栀子、黄栀子、栀子花、小叶栀子、林兰、越桃、木丹、山栀子、山黄栀、山黄枝。灌木。产于中国河南东南部、安徽南部及西部、江苏、浙江、福建、台湾、江西、湖北、湖南、广东、香港、海南、广西、云南、贵州及四川。日本、朝鲜、越南、老挝、柬埔寨、尼泊尔、印度、巴基斯坦、太平洋岛屿及美洲北部有分布。生于海拔1500米以下的旷野、丘陵、山谷、山坡、溪边灌丛中或林内。

本种也作盆景植物，称"水横枝"；花大而美丽、芳香，广植于庭园供观赏。干燥成熟果实是常用中药，清热利尿、泻火除烦、凉血解毒、散瘀。叶、花、根亦可作药用。从成熟果实亦可提取栀子黄色素，在民间常作染料应用。也是一种品质优良的天然食品色素。它着色力强，颜色鲜艳，具有耐光、耐热、耐酸碱性、无异味等特点，可广泛应用于糕点、糖果、饮料等食品的着色上。花可提制芳香浸膏，用于多种花香型化妆品和香皂香精的调和剂。

自古以来，诗人咏栀子的诗词不胜其数。比如——

植物

栀 子

[唐] 杜甫

栀子比众木，人间诚未多。

于身色有用，与道气伤和。

红取风霜实，青看雨露柯。

无情移得汝，贵在映江波。

和令狐相公咏栀子花

[唐] 刘禹锡

蜀国花已尽，越桃今正开。

色疑琼树倚，香似玉京来。

且赏同心处，那忧别叶催。

佳人如拟咏，何必待寒梅。

株高达 3 米。叶对生或 3 枚轮生，长圆状披针形、倒卵状长圆形、倒卵形或椭圆形，长 3—25 厘米，宽 1.5—8 厘米，先端渐尖或短尖，基部楔形，两面无毛侧脉 8—15 对；叶柄长 0.2—1 厘米；托叶膜质，基部合生成鞘。花芳香，单朵生于枝顶。花梗长 3—5 毫米；萼筒倒圆锥形或卵形，长 0.8—2.5 厘米，有纵棱，萼裂片 5—8，披针形或线状披针形，长 1—3 厘米，宿存；花冠白或乳黄色，高脚碟状，冠筒长 3—5 厘米，喉部有疏柔毛，裂片 5—8，倒卵形或倒卵状长圆形，长 1.5—4 厘米；花药伸出；柱头纺锤形，伸出。果卵形、近球形、椭圆形或长圆形，黄或橙红色，长 1.5—7 厘米，径 1.2—2 厘米，有翅状纵棱 5—9，宿存萼裂片长达 4 厘米，宽 6 毫米。种子多数，近圆形。花期 3—7 月，果期 5 月至翌年 2 月。

白蟾（*Gardenia jasminoides* var. *fortuneana*），本种与栀子的不同之处，在于重瓣。原产于中国，中部以南地区有栽培，多见于大中城市。国外分布于日本。花大而重瓣，美丽，栽培作观赏。

植
物

竹节菜

Commelina diffusa Burm. f.

竹节菜，鸭跖草科，鸭跖草属。俗称竹节草、竹节花、节节草。一年生披散草本。产于中国台湾、广东、海南、广西西南部、贵州西南部、云南及西藏东南部。生于海拔 2100 米以下的林中、灌丛中、溪边或潮湿旷野。广布于热带、亚热带地区。

竹节菜，很像在北方常见的鸭跖草（*Commelina communis* L.），除果实室数不同外，竹节菜佛焰苞卵状披针形，长 2—5 厘米，顶端渐尖或短渐尖，而不是短的急尖或稍钝（有时在短分枝上的佛焰苞小，短至长仅 1 厘米，顶端有时稍钝）；叶鞘有一列毛或全面被毛。

竹节菜也可药用，能消热、散毒、利尿。另外，花汁可作青碧色颜料，用于绘画。

茎匍匐。节上生根（极少不匍匐的），长可达 1 米余，多分枝，有的每节有分枝，无毛或有一列短硬毛，或全面被短硬毛。叶披针形或在分枝下部的为长圆形，长 3—12 厘米，宽 0.8—3 厘米，顶端通常渐尖，少急尖的，无毛或被刚毛；叶鞘上常有红色小斑点，仅口沿及一侧有刚毛，或全面被刚毛。蝎尾状聚伞花序通常单生于分枝上部叶腋，有时呈假顶生，每个分枝一般仅有一个花序；总苞片具长 2—4 厘米的柄，折叠状，平展后为卵状披针形，顶端渐尖或短渐尖，基部心形或浑圆，外面无毛或被短硬毛；花序自基部开始 2 叉分枝；一枝具长 1.5—2 厘米的花序梗，与总苞垂直，而与总苞的柄成一直线，其上有花 1—4 朵，远远伸出总苞片，但都不育；另一枝具短得多的梗，与之成直角，而与总苞的方向一致，其上有花 3—5 朵，可育，藏于总苞片内；苞片极小，几乎不可见；花梗长约 3 毫米，果期伸长达 5 厘米，粗壮而弯曲；萼片椭圆形，浅舟状，长约 3—4 毫米，宿存，无毛；花瓣蓝色。蒴果矩圆状三棱形，长约 5 毫米，3 室，其中腹面 2 室每室具两颗种子，开裂，背面 1 室仅含 1 颗种子，不裂。种子黑色，卵状长圆形，长 2 毫米，具粗网状纹饰，在粗网纹中又有细网纹。花果期 5—11 月。

177

棕榈

Trachycarpus fortunei (Hook.) H. Wendl.

　　棕榈，棕榈科，棕榈属。别称棕树、椶榈、栟榈。乔木。分布于中国长江以南地区。野生或栽培。海拔上限2000米左右，在长江以北虽可栽培，但冬季茎须有防寒措施。日本也有。

　　棕榈树形叶形优美，是庭园和道路绿化的优良树种。棕皮纤维（叶鞘纤维）可作绳索，编蓑衣、棕绷、地毡，制刷子和作沙发的填充料等。嫩叶经漂白可制扇和草帽。未开放的花苞又称"棕鱼"，可供食用。棕皮及叶柄（棕板）煅炭入药有止血作用，果实、叶、花、根等亦入药。

　　高达15米；茎有残存不易脱落的老叶柄基部。叶掌状深裂，直径50—70厘米；裂片多数，条形，宽1.5—3厘米，坚硬，顶端浅2裂，钝头，不下垂，有多数纤细的纵脉纹；叶柄细长，顶端有小戟突；叶鞘纤维质，网状，暗棕色，宿存。肉穗花序排成圆锥花序式，腋生，总苞多数，革质，被锈色绒毛；花小，黄白色，雌雄异株。核果肾状球形，直径约1厘米，蓝黑色。

植
物

酢浆草

Oxalis corniculata L.

　　酢（cù）浆草，酢浆草科，酢浆草属。俗称酸三叶、酸醋酱、鸠酸、酸味草。一年生草本。全国广布。亚洲温带和亚热带、欧洲和北美洲等地皆有分布。生于山坡草地、河谷沿岸、路边、田边、荒地或林下阴湿处。全草药用，可解热、利尿、消肿散瘀。茎叶含草酸，可用以摩擦铜

器，使其具光泽。牛羊食过多，可导致中毒而死。

　　高达 35 厘米，全株被柔毛。根茎稍肥厚。茎细弱，直立或匍匐。叶基生，茎叶互生；托叶长圆形或卵形，基部与叶柄合生；小叶 3，无柄，倒心形，长 0.4—1.6 厘米，宽 0.4—2.2 厘米，先端凹下，基部宽楔形，两面被柔毛或上面无毛，边缘具贴伏缘毛。花单生或数朵组成伞形花序状，花序梗与叶近等长。萼片 5，披针形或长圆状披针形，长 3—5毫米，背面和边缘被柔毛；花瓣 5，黄色，长圆状倒卵形，长 6—8 毫米；雄蕊 10，基部合生，长、短互间；子房 5 室，被伏毛，花柱 5，柱头头状。蒴果长圆柱形，长 1—2.5 厘米，5 棱。花果期 2—9 月。

181

紫薇

Lagerstroemia indica L.

紫薇，千屈菜科，紫薇属。俗称千日红、无皮树、百日红、西洋水杨梅、蚊子花、紫兰花、紫金花、痒痒树、痒痒花。小乔木或灌木。原产亚洲。分布于华东、华中、华南与西南。现各地普遍栽培。

紫薇不仅花期绵长，寿命亦长，可超过 200 年树龄。树形优雅，树干光滑，其名又与紫微星相关，无形中多了一份神秘意味，自古以来备受青睐。在没有遇到紫薇之前，才会有人说"花无百日红"。

紫薇木材坚硬、耐腐，可作农具、家具、建筑等用材。树皮、叶及花为强泻剂。根和树皮煎剂可治咯血、吐血、便血。

株高 3—6 米；树皮褐色，平滑；小枝略呈四棱形，通常有狭翅。叶对生或近对生，上部的互生，椭圆形至倒卵形，长 3—7 厘米，宽 2.5—4 厘米，近无毛或沿背面中脉有毛，具短柄。圆锥花序顶生，无毛；花淡红色、紫色或白色，直径约 2.5—3 厘米；花萼半球形，长 8—10 毫米，绿色，平滑，无毛，顶端 6 浅裂；花瓣 6，近圆形，呈皱缩状，边缘有不规则缺刻，基部具长爪；雄蕊多数，生于萼筒基部，通常外轮 6 枚较长；子房上位。蒴果近球形，6 瓣裂，直径约 1.2 厘米，基部具宿存花萼；种子有翅。

植
物

芋

Colocasia esculenta (L.) Schott

芋，天南星科，芋属。俗称蹲鸱、莒、土芝、独皮叶、接骨草、青皮叶、毛芋、毛芋、芋茇、水芋、芋头、台芋、红芋。湿生草本。原产于中国及印度、马来半岛。中国南北自古以来栽培。埃及、菲律宾、印度尼西亚爪哇等热带地区也盛行栽种，视之为主要食料。由于芋最喜高温湿润，栽培愈向南也就愈盛。很少开花，通常用子芋繁殖。

芋，早在《史记》中即有记载："汶山之下，沃野，下有蹲鸱，至死不饥。"注云："芋也。盖芋魁之状若鸱之蹲坐故也。"

块茎可食，可做羹菜，也可代粮或制淀粉，自古被视为重要的粮食补助或救荒作物。叶柄可剥皮煮食或晒干贮用。全株为常用的猪饲料。块茎入药可治乳腺炎、口疮、痈肿疔疮、颈淋巴结核、烧烫伤、外伤出血，叶可治荨麻疹、疮疥。

块茎通常卵形，

184

常生多数小球茎，均富含淀粉。叶2—3枚或更多。叶柄长于叶片，长20—90厘米，绿色，叶片卵状，长20—50厘米，先端短尖或短渐尖，侧脉4对，斜伸达叶缘，后裂片浑圆，合生长度达1/2—1/3，弯缺较钝，深3—5厘米，基脉相交成30°角，外侧脉2—3条，内侧1—2条，不显。花序柄常单生，短于叶柄。佛焰苞长短不一，一般为20厘米左右；管部绿色，长约4厘米，粗2.2厘米，长卵形；檐部披针形或椭圆形，长约17厘米，展开成舟状，边缘内卷，淡黄色至绿白色。肉穗花序长约10厘米，短于佛焰苞；雌花序长圆锥状，长3—3.5厘米，下部粗1.2厘米；中性花序长约3—3.3厘米，细圆柱状；雄花序圆柱形，长4—4.5厘米，粗7毫米，顶端骤狭；附属器钻形，长约1厘米，粗不及1毫米。花期2—4月（云南）至8—9月（秦岭）。

185

植
物

异叶南洋杉

Araucaria heterophylla (Salisb.) Franco

异叶南洋杉，南洋杉科，南洋杉属。俗称南洋杉、诺和克南洋杉、猴子杉、澳洲杉。常绿大乔木。原产于大洋洲诺和克岛。中国福建、广东等地引种栽培。上海、南京、西安、北京等地多为盆栽，冬季温室越冬。

异叶南洋杉，大树挺拔如塔，枝叶飘逸。作为庭园孤植树，有独树一帜的壮美。是热带地区优良的绿化树。作为盆栽点缀客厅、阳台，

具有热带植物的异国风情。

在原产地高达 50 米以上，胸径达 1.5 米；树干通直，树皮暗灰色，裂成薄片状脱落；树冠塔形，大枝平伸，长达 15 米以上；小枝平展或下垂，侧枝常成羽状排列，下垂。叶二型：幼树及侧生小枝的叶排列疏松，开展，钻形，光绿色，向上弯曲，通常两侧扁，具 3—4 棱，长 6—12 毫米，上面具多数气孔线，有白粉，下面气孔线较少或几无气孔线；大树及花果枝上的叶排列较密，微开展，宽卵形或三角状卵形，多少弯曲，长 5—9 毫米，基部宽，先端钝圆，中脉隆起或不明显，上面有多条气孔线，有白粉，下面有疏生的气孔线。雄球花单生枝顶，圆柱形。球果近圆球形或椭圆状球形，通常长 8—12 厘米，径 7—11 厘米，有时径大于长。苞鳞厚，上部肥厚，边缘具锐脊，先端具扁平的三角状尖头，尖头向上弯曲。种子椭圆形，稍扁，两侧具结合生长的宽翅。

植
物

假苹婆

Sterculia lanceolata Cav.

　　假苹婆，锦葵科，苹婆属。俗称赛苹婆、鸡冠木、山羊角。因酷似梧桐科植物苹婆而得名。原产于中国，多分布于广东、广西、云南、贵州和四川南部。在华南山野间很常见，喜生于山谷溪旁。缅甸、泰国、越南、老挝也有。

　　假苹婆的蓇葖果成熟时爆开，黑色的种子在花瓣似的果壳里裸露出来，煞是喜人。

　　如花一样艳丽的果壳掩映在绿叶间，真的是大自然的杰作，这一点也不"假"。

　　茎皮纤维可造纸。种子富含淀粉、脂肪，种仁含油脂22.5%，可炒熟或煮熟供食用。

　　乔木，小枝幼时被毛。叶椭圆形、披针形或椭圆状披针形，长9—20厘

米，宽 3.5—8 厘米，顶端急尖，基部钝形或近圆形，上面无毛，下面几无毛，侧脉每边 7—9 条，弯拱，在近叶缘不明显连结；叶柄长 2.5—3.5厘米。圆锥花序腋生，长 4—10 厘米，密集且多分枝；花淡红色，萼片5 枚，仅于基部连合，向外开展如星状，矩圆状披针形或矩圆状椭圆形，顶端钝或略有小短尖突，长 4—6 毫米，外面被短柔毛，边缘有缘毛；雄花的雌雄蕊柄长 2—3 毫米，弯曲，花药约 10 个；雌花的子房圆球形，被毛，花柱弯曲，柱头不明显 5 裂。蓇葖果鲜红色，长卵形或长椭圆形，长 5—7 厘米，宽 2—2.5 厘米，顶端有喙，基部渐狭，密被短柔毛；种子黑褐色，椭圆状卵形，直径约 1 厘米。每果有种子 2—4 个。花期 4—6 月。

植
物

龙牙花

Erythrina corallodendron L.

　　龙牙花，豆科，刺桐属。俗称刺桐、珊瑚刺桐、珊瑚树、象牙红。龙牙花因花蕾很像传说中龙的牙齿，故名。灌木或小乔木。原产于南美洲。中国广东、广西、贵州、云南、浙江和台湾等地有栽培。北方地区多以盆栽装饰客厅。

　　作为观赏树种，龙牙花树形优雅，枝叶扶疏，花色深红，惹人爱怜。木质柔软，在原产地常用作木栓。树皮药用，有麻醉、镇静的效果。

　　株高 3—5 米。干和枝条散生皮刺。羽状复叶具 3 小叶；小叶菱状卵形，长 4—10 厘米，宽 2.5—7 厘米，先端渐尖而钝或尾状，基部宽楔形，两面无毛，有时叶柄上和下面中脉上有刺。总状花序腋生，长可达 30 厘米以上；花深红色，具短梗，与花序轴成直角或稍下弯，长 4—6 厘米，狭而近闭合；花萼钟状，萼齿不明显，仅下面一枚稍突出；旗瓣长椭圆形，长约 4.2 厘米，先端微缺，略具瓣柄至近无柄，翼瓣短，长 1.4 厘米，龙骨瓣长 2.2 厘米，均无瓣柄；雄蕊二体，不整齐，略短于旗瓣；子房有长子房柄，被白色短柔毛，花柱无毛。荚果长约 10 厘米，具梗，先端有喙，在种子间收缢；种子多颗，深红色，有一黑斑。花期 6—11 月。

植
物

苹婆

Sterculia monosperma Vent.

苹婆，锦葵科，苹婆属。俗称枇杷果、七姐果、凤眼果。古称罗望子、罗晃子。乔木。原产于中国南部。喜生于排水良好的肥沃土壤，且耐荫蔽。中国广东、广西南部、福建东南部、云南南部和台湾有栽培。印度、越南、印度尼西亚也有，多为栽培。

苹婆的种子可食，煮熟后味如栗子，是一种值得提倡的木本粮食植物。惜结实率不高。繁殖容易，用大枝扦插亦易成活。树冠浓密，叶常绿，树形美观，不易落叶，也是一种优良的行道树。

树皮褐黑色，小枝幼时略有星状毛。叶薄革质，矩圆形或椭圆形，

长8—25厘米，宽5—15厘米，顶端急尖或钝，基部浑圆或钝，两面均无毛；叶柄长2—3.5厘米，托叶早落。圆锥花序顶生或腋生，柔弱且披散，长达20厘米，有短柔毛；花梗远比花长；萼初时乳白色，后转为淡红色，钟状，外面有短柔毛，长约10毫米，5裂，裂片条状披针形，先端渐尖且向内曲，在顶端互相黏合，与钟状

萼筒等长；雄花较多，雌雄蕊柄弯曲，无毛，花药黄色；雌花较少，略大，子房圆球形，有 5 条沟纹，密被毛，花柱弯曲，柱头 5 浅裂。蓇葖果鲜红色，厚革质，矩圆状卵形，长约 5 厘米，宽约 2—3 厘米，顶端有喙，每果内有种子 1—4 个；种子椭圆形或矩圆形，黑褐色，直径约1.5 厘米。花期 4—5 月，但在 10—11 月常可见少数植株开第二次花。

植
物

浮萍

Lemna minor L.

浮萍，天南星科，浮萍属。俗称水萍草、水浮萍、浮萍草、田萍、青萍。漂浮植物。产于中国南北各省。全球温暖地区广布，但不见于印度尼西亚爪哇。

生于水田、池沼或其他静水水域，常与紫萍混生，形成密布水面的漂浮群落。繁殖速度极快，正如李时珍所云"一叶经宿即生数叶"，通常在群落中占绝对优势。

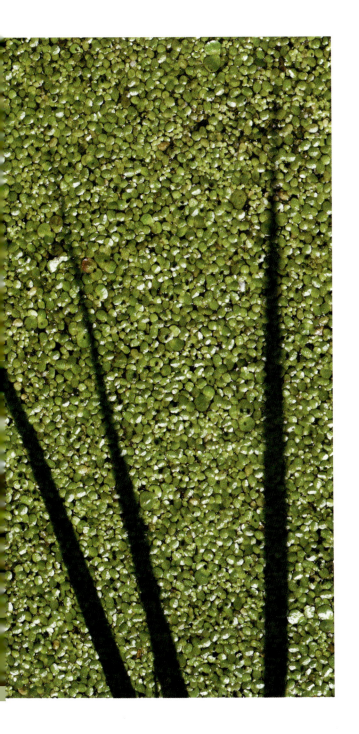

有句成语"萍水相逢"，其中萍即浮萍，比喻命运漂浮不定的人们偶遇了。浮萍可入药，能发汗、利水、消肿毒，治风湿脚气、风疹热毒、衄血、水肿、小便不利、斑疹不透、感冒发热无汗。也是良好的猪、鸭饲料。也是草鱼的饵料。

浮萍叶状体对称，表面绿色，背面浅黄色或绿白色或常为紫色，近圆形，倒卵形或倒卵状椭圆形，全缘，长1.5—5毫米，宽2—3毫米，上面稍凸起或沿中线隆起，脉3条，不明显，背面垂生丝状根1条，根白色，长3—4厘米，根冠钝头，根鞘无翅。叶状体背面一侧具囊，新叶状体于囊内形成浮出，以极短的细柄与母体相连，随后脱落。雌花具弯生胚珠1枚，果实无翅，近陀螺状，种子具凸出的胚乳并具12—15条纵肋。

植
物

蘋

Marsilea quadrifolia L.

蘋（pín），蘋科，蘋属。俗称田字草、萍、田字苹、四叶苹、叶合草苹、四叶菜、破铜钱。水生蕨类植物。广布于中国长江以南地区，北达华北和辽宁，西到新疆。世界温热两带及其他地区也有。生水田或沟塘中。

蘋的幼叶柄可以作为蔬菜食用，古代被用来做羹汤祭祖。陆玑《毛诗草木鸟兽虫鱼疏》中说："可糁蒸以为茹，又可用苦酒淹以就酒。"宋朝郑樵《通志》也说："水菜也，叶似车前，诗所谓于以采蘋是也。"全草入药，清热解毒、利水消肿，外用治疮痈、毒蛇咬伤。

植株高5—20厘米。根状茎细长横走，分枝，顶端被有淡棕色毛，茎节远离，向上发出1至数枚叶子。叶柄长5—20厘米；叶片由4片倒三角形的小叶组成，呈十字形，长宽各1—2.5厘米，外缘半圆形，基部楔形，全缘，幼时被毛，草质。叶脉从小叶基部向上呈放射状分叉，组成狭长网眼，伸向叶边，无内藏小脉。孢子果双生或单生于短柄上，而柄着生于叶柄基部，长椭圆形，幼时被毛，褐色，木质，坚硬。每个孢子果内含多数孢子囊，大小孢子囊同生于孢子囊托上，一个大孢子囊内只有一个大孢子，而小孢子囊内有多数小孢子。

197

柠檬

Citrus × limon (L.) Osbeck

柠檬，芸香科，柑橘属。木本。原产于东南亚。中国在长江以南地区有栽培。现热带及亚热带地区多有栽培。

现代医学认为柠檬可以预防心血管病。具有很强的抗氧化作用，对延缓衰老及抑制色素沉着等十分有效，对支气管炎、鼻炎、泌尿感染等均有治疗作用。柠檬中的柠檬酸，是制作柠檬香脂、润肤霜和洗发剂的重要原料。柠檬酸还可制成柠檬汽水、做烹饪调料。柠檬营养丰富，具有食疗价值，多加工成饮料、果汁、蛋糕、果酱、蜜饯、罐头等食用。

枝少刺或近于无刺。嫩叶及花芽暗紫红色，叶为卵形或椭圆形，长8—14厘米，宽4—6厘米，边缘有明显钝裂齿。花瓣外面为淡紫红色，内面白色。果实为椭圆形或卵形，果皮厚，柠檬黄色。花期4—5月，果期9—11月。单花腋生

或少花簇生；花萼杯状，4—5浅齿裂；花瓣长1.5—2厘米，外面淡紫红色，内面白色；常有单性花，即雄蕊发育，雌蕊退化；雄蕊20—25枚或更多；子房近筒状或桶状，顶部略狭，柱头头状。果椭圆形或卵形，两端狭，顶部通常较狭长并有乳头状突尖，果皮厚，通常粗糙，柠檬黄色，难剥离，富含柠檬香气的油点，瓢囊8—11瓣，汁胞淡黄色，果汁酸至甚酸，种子小，卵形，端尖；种皮平滑，子叶乳白色，通常单或兼有多胚。

植
物

紫花风铃木

Handroanthus impetiginosus (Mart. ex DC.) Mattos

　　紫花风铃木，紫葳科，风铃木属。落叶乔木。原产于巴西、巴拉圭、危地马拉、阿根廷、特立尼达和多巴哥等中南美洲的国家和地区。花朵呈喇叭状或漏斗状，浅紫色到深紫色或紫红色，常在叶腋处形成顶生的大花簇。果实是深褐色的圆柱形结荚，成熟后会裂开，露出其内带翼的种子。

　　树冠开阔，枝条稀疏，枝叶疏朗；树皮浅灰色，近光滑。掌状复叶，对生或近对生，有长柄；小叶 5 枚，两边小叶较小，中间的 1 片叶子较大；叶片深绿色，叶缘有细锯齿，小叶椭圆或长椭圆形，长 10—20 厘米，叶纸质或近革质，羽状叶脉。圆锥花序顶生，簇生，每 1 个花序有花 10 朵左右；花大型，管状喇叭形，长 6—10 厘米；花瓣 4—5 裂，边缘皱缩；花冠品红至玫瑰红到紫红，花管喉部黄色；雄蕊 4 枚，雌蕊 1 枚。果长条形，蒴果，长约 30 厘米，开裂。种子扁平纸状，轻薄，透明有翅。11 月开始落叶，11 月底始花，花期一般在 12 月至翌年 3 月，展叶期 2—3 月，果期 3—4 月。性喜光，稍耐阴，生长适温 20℃—30℃，最低温度 5℃。对土壤要求不严。

植
物

无根藤

Cassytha filiformis L.

    无根藤，樟科，无根藤属。俗称罗网藤、无爷藤、无头草。寄生缠绕草本。分布于中国云南、贵州、广西、广东、湖南、江西、福建、台湾、浙江。全球热带地区也有。

    喜生于灌木丛中。全草药用，有祛湿消肿、利水之功效。治肾炎、水肿等症。另外有两种旋花科植物：菟丝子（*Cuscuta chinensis*）、金灯藤（*Cuscuta japonica*）也俗称"无根藤"，虽名相同，物相异也，需要注意辨别。

无根藤借盘状吸根附于寄主上。茎线状，绿色或绿褐色，无毛或稍有毛。叶退化为微小鳞片。花极小，两性，白色，长不到 2 毫米，无花梗，组成长 2—5 厘米的穗状花序，有微小苞片；花被片 6，宿存，成 2 轮，外轮 3 枚小，圆形，有绿色毛，苞片状，内轮 3 枚大，卵形；能育雄蕊 9，成 3 轮，第 1 轮雄蕊花丝花瓣状，其余线状，第 3 轮雄蕊花丝基部有 2 腺体，花药 2 室，第 1、2 轮花药内向、第 3 轮花药外向瓣裂。果实小，球形，直径约 7 毫米，包藏于花后增大的肉质果托内。

植
物

桃金娘

Rhodomyrtus tomentosa (Aiton) Hassk.

桃金娘，桃金娘科，桃金娘属。俗称岗稔。小灌木。产于中国台湾、福建、广东、广西、云南、贵州及湖南最南部。菲律宾、日本、印度、斯里兰卡、马来西亚、印度尼西亚亦有分布。

喜生于丘陵坡地，是酸性土壤的指示植物。根含酚类、鞣质等，有治慢性痢疾、风湿、肝炎及降血脂等功效。

桃金娘在被子植物门内，被子植物门是个大家族，桃金娘是大"族长"，仅桃金娘科就有约100属3000种以上的成员。主要分布于美洲热带、大洋洲及亚洲热带。中国原产及驯化的有9属，126种，8变种，产于广东、广西及云南等靠近热带的地区。

灌木，高1—2米；嫩枝有灰白色柔毛。叶对生，革质，叶片椭圆形或倒卵形，长3—8厘米，宽1—4厘米，先端圆或钝，常微

凹入，有时稍尖，基部阔楔形，上面初时有毛，以后变无毛，发亮，下面有灰色茸毛，离基三出脉，直达先端且相结合，边脉离边缘3—4毫米，中脉有侧脉4—6对，网脉明显；叶柄长4—7毫米。花有长梗，常单生，紫红色，直径2—4厘米；萼管倒卵形，长6毫米，有灰茸毛，萼裂片5，近圆形，长4—5毫米，宿存；花瓣5，倒卵形，长1.3—2厘米；雄蕊红色，长7—8毫米；子房下位，3室，花柱长1厘米。浆果卵状壶形，长1.5—2厘米，宽1—1.5厘米，熟时紫黑色；种子每室2列。花期4—5月。

华南忍冬

Lonicera confusa (Sweet) DC.

华南忍冬，忍冬科，忍冬属。俗称水银花、毛柱金银花、土忍冬、黄鳝花、土花、山银花、左转藤、土银花、山金银花、大金银花、水忍冬。产于中国广东、香港、海南、广西及贵州北部，生于海拔 800 米以下丘陵地山坡、杂木林和灌丛中、平原旷野路旁或河边。越南北部及尼泊尔有分布。

花药用，为华南地区"金银花"中药材的主要品种，是历史悠久的清热解毒的良药。它性甘寒，气芳香，清热而不伤胃，芳香透达又可祛邪。既能宣散风热，还善清解血毒，用于各种热性病，如身热、发疹、发斑、热毒疮痈、咽喉肿痛等证，均效果显著。

半常绿藤本。幼枝、叶柄、总花梗、苞片、小苞片和萼筒均密被灰黄色卷柔毛，并疏生微腺毛。叶纸质，卵形或卵状长圆形，长 3—6（—7）厘米，基部圆、平截或带心形，幼时两面有糙毛，老时上面无毛；叶柄长 0.5—1 厘米。花有香味，双花腋生或于小枝或侧生短枝顶集成具 2—4 节的短总状花序，有总苞叶；总花梗长 2—8 毫米；苞片披针形，长 1—2 毫米。小苞片圆卵形或卵形，长约 1 毫米，有缘毛；萼筒长

1.5—2毫米，被糙毛，萼齿披针形或卵状三角形，长1毫米，外密被柔毛；花冠白色，后黄色，长3.2—5厘米，唇形，筒直或稍弯曲，外面稍被开展倒糙毛和腺毛，内面有柔毛，唇瓣稍短于冠筒；雄蕊和花柱均伸出，比唇瓣稍长，花丝无毛。果熟时黑色，椭圆形或近圆形，长0.6—1厘米。花期4—5月，有时9—10月第二次开花，果期10月。

植物

榔榆

Ulmus parvifolia Jacq.

　　榔榆，榆科，榆属。别称小叶榆、秋榆、掉皮榆、豺皮榆、挠皮榆、构树榆、红鸡油。落叶乔木。产于中国河北、山西、山东、江苏、安徽、浙江、福建、台湾、江西、湖北、湖南、广东、海南、广西、贵州、四川、陕西及河南。生于平原、丘陵、山坡或谷地。

　　榔榆心材灰褐色或黄褐色，材质坚韧，纹理直而清晰，耐水湿，可供制家具、车船、器具、农具等用。榔榆还可药用，榔榆的提取物有抗脂质过氧化作用。榔榆根皮研成细粉，消毒后撒敷创面，可治创伤出血、外科手术出血。榔榆也是制作盆景的优选植物。

　　虽是落叶乔木，但常冬季叶变为黄色或红色宿存至第二年新叶开放后脱落。高达 25 米，胸径 1 米；树皮灰或灰褐色，呈不规则鳞状薄片剥落，内皮红褐色。一年生枝密被短柔毛。冬芽无毛。叶披针状卵形或窄椭圆形，稀卵形或倒卵形，长（1.7—）2.5—5（—8）厘米，基部楔形或一边圆，上面中脉凹陷处疏被柔毛，余无毛，下面幼时被柔毛，后无毛或沿脉疏被毛，或脉腋具簇生毛，单锯齿，侧脉 10—15 对；叶柄长 2—6 毫米。

秋季开花，3—6朵成簇状聚伞花序，花被上部杯状，下部管状，花被片4，深裂近基部，常脱落或残留。翅果椭圆形或卵状椭圆形，长1—1.3厘米，顶端缺口柱头面被毛，余无毛，果翅较果核窄，果核位于翅果中上部；果柄长1—3毫米，疏被短毛。花果期8—10月。

植
物

水鬼蕉

Hymenocallis littoralis (Jacq.) Salisb.

水鬼蕉，石蒜科，水鬼蕉属。俗称蜘蛛兰。多年生草本。原产于美洲热带。中国引进供观赏，南方露地栽培，北方多盆栽便于越冬。至于水鬼蕉这个名字的由来，一是因其喜水边生长，二是花形奇异使人产生奇怪的联想。

水鬼蕉叶 10—12 枚，剑形，长 45—75 厘米，宽 2.5—6 厘米，顶端急尖，基部渐狭，深绿色，多脉，无柄。花茎扁平，高 30—80 厘米；佛焰苞状总苞片长 5—8 厘米，基部极阔；花茎顶端生花 3—8 朵，白色；花被管纤细，长短不等，长者可达 10 厘米以上，花被裂片线形，通常短于花被管；杯状体（雄蕊杯）钟形或阔漏斗形，长约 2.5 厘米，有齿，花丝分离部分长 3—5 厘米；花柱约与雄蕊等长或更长。花期夏末秋初。

假鹰爪

Desmos chinensis Lour.

假鹰爪，番荔枝科，假鹰爪属。俗称半夜兰、朴蛇、波蔗、复轮藤、碎骨藤、黑节竹、双柱木、五爪龙、灯笼草、鸡香草、鸡肘风、鸡爪珠、鸡爪香、鸡爪根、鸡爪枝、鸡爪风、鸡爪木、鸡爪笼、鸡爪叶、爪芋根、鸡脚趾、酒饼藤、酒饼叶、狗牙花、山指甲。直立或攀援灌木。产于中国福建、广西、广东、海南、贵州及云南，生于海拔150—1500米山地、

山谷林缘灌丛中或旷地。印度及东南亚也有分布。

假鹰爪花型独特，低垂在细枝间。名字很凶猛，花瓣却很柔美。根叶药用，主治风湿骨痛、产后腹痛、跌打、皮癣等。茎皮纤维可作人造棉及造纸原料。海南民间用叶制酒饼。常作盆栽供观赏。

枝条具纵纹及灰白色皮孔。除花外，余无毛。叶互生，薄纸质，长圆形或椭圆形，稀宽卵形，长4—14厘米，先端钝尖或短尾尖，基部圆

211

或稍偏斜，下面粉绿色，侧脉 7—12 对；叶柄长 2—4 厘米。花黄白色，单朵与叶对生或互生。花梗长 2—5.5 厘米，无毛；萼片卵形，长 3—5 毫米，被微柔毛；花瓣 6，2 轮，外轮花瓣长圆形或长圆状披针形，长达 9 厘米，内轮花瓣长圆状披针形，长达 7 厘米，均被微毛；花托凸起，顶端平或微凹；花药长圆形，药隔顶端平截；心皮长 1—1.5 毫米，被长柔毛，柱头近头状，外弯，2 裂。果念珠状，长 2—5 厘米。种子 1—7 颗，球形，径约 5 毫米。花期 4—10 月，果期 6—12 月。

重瓣狗牙花

Tabernaemontana divaricata (L.) R. Br. ex Roem. & Schult. 'Flore Pleno'

重瓣狗牙花，夹竹桃科，山辣椒属。常绿灌木或小乔木。中国南部有栽培。

树姿优雅，叶色青翠，花色洁白且清香四溢，含苞时状如栀子，花期绵长，是华南地区重要的花灌木，园林中应用极为普遍，可丛植于林缘、路边、庭园各处，或植为绿篱，也是优良的盆栽花木。叶可药用，有降低血压效能，民间称可清凉解热、利水消肿，治眼病、疮疥、乳

植
物

疮、犬类咬伤等；根可治头痛和骨折等。

株高达 3 米；枝灰绿色。叶对生，椭圆形或长椭圆形，长 5—18 厘米，宽 1.5—6 厘米，侧脉 5—17 对；叶柄长 0.3—1 厘米。二歧状聚伞花序腋生，着花 1—8 朵；总花梗长 2.5—6 厘米；花梗长 0.5—1 厘米；花蕾端部长圆状急尖；萼片长圆形，有缘毛；花冠白色，花冠筒长达 1.5—3 厘米，重瓣，倒卵形，长达 2—3 厘米，宽 1—2 厘米。蓇葖长 2.5—7 厘米。花期 4—9 月，果期 7—11 月。

木本曼陀罗

Brugmansia arborea (L.) Lagerh.

木本曼陀罗，茄科，木曼陀罗属。俗称木曼陀罗。常绿灌木或小乔木。中国福建、广东及云南西双版纳等地区多有栽培。世界热带地区广为栽培。

木本曼陀罗喜阳光，喜温暖气候，不耐寒，适生温度15℃—30℃；耐瘠薄土壤，对中性、微酸性以至微碱性土壤都能适应，但以土层深

植
物

厚、排水良好的土壤最好。叶和花含莨菪碱和东莨菪碱。枝叶扶疏，花极大而且花形美观，或白或红，香味浓烈，是华南地区优良的园林绿化造景材料，可丛植于山坡、林缘或布置于路旁、墙角、屋隅，北方温室内也常见栽培。花可供药用。

株高 2—3 米。茎粗壮，上部分枝，全株近无毛；单叶互生，叶片卵状披针形、卵形或椭圆形，顶端渐尖或急尖，基部楔形，不对称，全缘、微波状或有不规则的缺齿，两面有柔毛；叶柄长 1—3 厘米；花单生叶腋，俯垂，芳香；花冠白色，脉纹绿色，长漏斗状，筒中部以下较细而向上渐扩大成喇叭状，长达 23 厘米，檐部直径 8—10 厘米；花药长达 3 厘米；浆果状蒴果，无刺，长达 6 厘米。花期 7—9 月，果期 10—12 月。

红豆蔻

Alpinia galanga (L.) Willd.

　　红豆蔻，姜科，山姜属。俗称高良姜、红蔻、大良姜。多年生草本。产于中国台湾、广东、广西和云南等地。生于山野沟谷阴湿林下或灌木丛中和草丛中。海拔 100—1300 米。亚洲热带地区广布。

　　红豆蔻果实供药用，称红豆蔻，有祛湿、散寒、醒脾、消食的功用。根茎亦供药用，称大高良姜，味辛，性热，能散寒、暖胃、止痛，用于胃脘冷痛、脾寒吐泻。

　　宋代诗人范成大有一首《红豆蔻花》，其所描述的植物是否为红豆

植
物

蔻难以判定："绿叶焦心展，红苞竹箨（tuò）披。贯珠垂宝珞，剪彩倒鸳枝。且入花栏品，休论药裹宜。南方草木状，为尔首题诗。"

红豆蔻植株高达 2 米；根茎块状。叶长圆形或披针形，长 25—35 厘米，宽 6—10 厘米，先端短尖或渐尖，基部渐窄，两面无毛或下面被长柔毛，干后边缘褐色；叶柄长约 6 毫米，叶舌近圆形，长约 5 毫米。圆锥花序密生多花，长 20—30 厘米，花序轴被毛，分枝多，长 2—4 厘米，每分枝上有 3—6 花；苞片与小苞片均迟落。小苞片披针形，长 5—8 毫米；花绿白色，有异味；花萼筒状，长 0.6—1 厘米，宿存；花冠管长 0.6—1 厘米，裂片长圆形，长 1.6—1.8 厘米；侧生退化雄蕊细齿状或线形，紫色，长 0.2—1 厘米，唇瓣倒卵状匙形，长约 2 厘米，白色，有红线条，2 深裂；花丝长约 1 厘米，花药长约 7 毫米。蒴果长圆形，长 1—1.5 厘米，中部稍收缩，成熟时棕或枣红色，平滑或稍皱缩，质薄，不裂，易碎，有 3—6 种子。花期 5—8 月，果期 9—11 月。

黄蝎尾蕉

Heliconia subulata Ruiz et Pav.

　　黄蝎尾蕉，蝎尾蕉科，蝎尾蕉属。俗称危地马拉天堂鸟、黄鹂鸟蕉、黄丽鸟蕉、黄苞蝎尾蕉。多年生草本。原产于南美洲。中国台湾、广东、云南西双版纳有引种和栽培。

　　很多园艺爱好者喜欢给蝎尾蕉属的植物起名字，常冠以"天堂鸟"之称，他们对热带植物充满了美好的想象和曼妙的情趣。

　　株高可达1—2米。地下具有粗壮肉质根，无明显地上茎；叶披针形或长椭圆形，具长柄，鞘抱茎而生；花序自叶腋抽出，呈三角状黄橙色，分歧苞4—5枚，形状酷似鸟嘴尖，高于叶丛且顶生，花茎直立，分歧苞形状；蒴果。花期春季及初夏。

中华猕猴桃

Actinidia chinensis Planch.

中华猕猴桃，猕猴桃科，猕猴桃属。俗称猕猴桃、藤梨、羊桃藤、羊桃、阳桃、奇异果、几维果、井冈山猕猴桃。大型落叶藤本。原产于中国。陕西（南端）、湖北、湖南、江西、四川、河南、安徽、江苏、浙江、江西、福建、广东（北部）、广西（北部）和台湾等地区分布。

幼枝被灰白色绒毛、褐色长硬毛或锈色硬刺毛，后脱落无毛；髓心白至淡褐色，片层状。芽鳞密被褐色绒毛。叶纸质，营养枝之叶宽卵圆形或椭圆形，先端短渐尖或骤尖；花枝之叶近圆形，先端钝圆、微凹或平截；叶长 6—17 厘米，宽 7—15 厘米，基部楔状稍圆、平截至浅心形，具睫状细齿，上面无毛或中脉及侧脉疏被毛，下面密被灰白或淡褐色星状绒

毛；叶柄长 3—6（—12.7）厘米，被灰白或黄褐色毛。聚伞花序 1—3 花，花序梗长 0.7—1.5 厘米。苞片卵形或钻形，长约 1 毫米，被灰白或黄褐色绒毛；花初白色，后橙黄，径 1.8—3.5 厘米；花梗长 0.9—1.5 厘米；萼片（3—）5（—7），宽卵形或卵状长圆形，长 0.6—1 厘米，密被平伏黄褐色绒毛；花瓣（3—）5（—7），宽倒卵形，具短距，长 1—2 厘米；花药长 1.5—2 毫米；子房密被黄色绒毛或糙毛。果黄褐色，近球形，长 4—6 厘米，被灰白色绒毛，易脱落，具淡褐色斑点，宿萼反折。

221

洋金花

Datura metel L.

洋金花，茄科，曼陀罗属。俗称枫茄花、枫茄子、闹羊花、喇叭花、风茄花、白花曼陀罗、白曼陀罗、风茄儿、山茄子、颠茄、大颠茄。一年生半灌木状草本。原产于美洲，在亚洲长期栽培并已野化。

洋金花分布于热带及亚热带地区，温带地区普遍栽培。中国台湾、福建、广东、广西、云南、贵州等地常为野生。江苏、浙江栽培较多，江南和北方许多城市有栽培。

洋金花常生于向阳的山坡草地或住宅旁。叶和花含莨菪碱和东莨菪碱；花为中药的"洋金花"，作麻醉剂。全株有毒，而以种子最毒！

株高 0.5—1.5 米，全体近无毛；茎基部稍木质化。叶卵形或广卵形，顶端渐尖，基部不对称圆形、截形或楔形，长 5—20 厘米，宽 4—15 厘米，边缘有不规则的短齿或浅裂，或者全缘而波状，侧脉每边 4—6 条；叶柄长 2—5 厘米。花单生于枝杈间或叶腋，花梗长约 1 厘米。花萼筒状，长 4—9 厘米，直径 2 厘米，裂片狭三角形或披针形，果时宿存部分增大成浅盘状；花冠长漏斗状，长 14—20 厘米，檐部直径 6—10 厘

米，筒中部之下较细，向上扩大呈喇叭状，裂片顶端有小尖头，白色、黄色或浅紫色，单瓣，在栽培类型中有 2 重瓣或 3 重瓣；雄蕊 5，在重瓣类型中常变态成 15 枚左右，花药长约 1.2 厘米；子房疏生短刺毛，花柱长 11—16 厘米。蒴果近球状或扁球状，疏生粗短刺，直径约 3 厘米，不规则 4 瓣裂。种子淡褐色，宽约 3 毫米。花果期 3—12 月。

植
物

佛肚竹

Bambusa ventricosa McClure

　　佛肚竹，禾本科，簕竹属。俗称小佛肚竹、佛竹。原产于中国广东。中国各大城市公园中亦有栽种或盆栽。亚洲的马来西亚和美洲均有引种栽培。

　　佛肚竹以其独特的形态深受大众和园艺爱好者的青睐。常作盆栽，施以人工截顶培植，形成畸形植株以供观赏；在地上种植时则形成高大竹丛，偶尔在正常竿中也长出少数畸形竿。

　　竿有异型；高与粗因栽培条件而有变化，正常竿高2.5—5米，粗1.2—5.5厘米，节间圆筒形，长10—20厘米；畸形竿高25—50厘米，粗2.5厘米，节间瓶状；竿幼时深绿色，老后橄榄黄色。箨鞘无毛，初作深绿色，有时具不显著棕色及枣红色条纹，老后则常变为橘色或淡枯草色；箨耳甚发达，圆形或倒卵形至镰刀形；箨叶卵状披针形，正面具向上之小刺毛；竿每节分枝1—3枚，每小枝具叶7—13片，叶片卵状披针形至矩圆状披针形，宽16—33毫米，次脉5—9对，背面具微毛。

苋

Amaranthus tricolor L.

苋，苋科，苋属。俗称三色苋、老来少、老少年、雁来红。一年生草本。原产于印度。分布于亚洲南部、中亚、东亚等地。

苋作为蔬菜在南北朝时期已经有记载。有个民谚，"六月苋，当鸡蛋，七月苋，金不换"，可见人们对苋菜的推崇。茎、叶、根均可食用。叶杂有各种颜色者可供观赏。根、果实及全草入药，有明目、利大小便、去寒热的功效。

高达 1.5 米；茎粗壮，绿或红色，常分枝。叶卵形、菱状卵形或披针形，长 4—10 厘米，绿色或带红、紫或黄色，先端圆钝，具凸尖，基部楔形，全缘，无毛；叶柄长 2—6 厘米。花成簇腋生，组成下垂穗状花序，花簇球形，径 0.5—1.5 厘米，雄花和雌花混生；苞片卵状披针形，长 2.5—3 毫米，顶端具长芒尖。花被片长圆形，长 3—4 毫米，绿或黄绿色，顶端具长芒尖，背面具绿或紫色中脉。胞果卵状长圆形，长 2—2.5 毫米，环状横裂，包在宿存花被片内。种子近球形或倒卵形，径约 1 毫米，黑色或黑褐色，边缘钝。

植
物

朱缨花

Calliandra haematocephala Hassk.

朱缨花，豆科，朱缨花属。俗称红合欢、红绒球、美蕊花、美洲合欢。原产于南美洲。中国台湾、福建及广东有引种和栽培。现热带及亚热带地区常有栽培。

朱缨花形色俱佳，毛茸茸的绣球一样的花，是优良的园林绿化树种和木本花卉。北方有少量的盆栽。

落叶灌木或小乔木，高达 3 米。枝条扩展，小枝圆柱形，褐色，粗糙。托叶卵状披针形，宿存。二回羽状复叶，总叶柄长 1—2.5 厘米；羽片 1 对，长 8—13 厘米；小叶 7—9 对，斜披针形，长 2—4 厘米，中上部的小叶较大，下部的较小，先端钝，具小尖头，基部偏斜；边缘被疏柔毛；中脉稍偏上缘；小叶柄长仅 1 毫米。头状花序腋生，径约 3 厘米，有花 25—40 朵，花序梗长 1—3.5 厘米。花萼钟状，长约 2 毫米，绿色；花冠管长 3.5—5 毫米，淡紫红色，顶端具 5 裂片，裂片反折，长约 3 毫米，无毛；雄蕊管长约 6 毫米，白色，管口内有钻状附属体，上部离生的花丝长约 2 厘米，深红色。荚果线状倒披针形，长 6—11 厘米，暗棕色，成熟时由顶至基部沿缝线开裂，果瓣外反。种子 5—6，长圆形，长 0.7—1 厘米，棕色。花期 8—9 月，果期 10—11 月。

植
物

留兰香

Mentha spicata L.

留兰香，唇形科，薄荷属。俗称香花菜、土薄荷、假薄荷、狗肉香菜、绿薄荷、鱼香草、鱼香、鱼香菜、狗肉香、血香菜、青薄荷、香薄荷、花叶留兰香。多年生草本。原产于欧洲南部。中国新疆有野生，河南、河北、江苏、浙江、湖北、广东、广西、四川、贵州、云南等地栽培或已野化。非洲、欧洲、亚洲等地有分布。

全草含芳香油，常用作口香糖及牙膏的香料。嫩枝叶可作调味香料。是著名的药用植物。

株高 1.3 米。茎直立，无毛或近无毛。具匍匐茎。叶卵状长圆形或长圆状披针形，长 3—7 厘米，先端尖，基部宽楔形或圆，具不规则尖锯齿，两面无毛或近无毛；叶柄无或近无。轮伞花序组成圆柱形穗状花序；小苞片线形，长 5—8 毫米。花梗长约 2 毫米；花萼钟形，长约 2 毫米，无毛，被腺点，5 脉不明显，萼齿三角状披针形，长约 1 毫米；花冠淡紫色，长约 4 毫米，两面无毛，冠筒长约 2 毫米，裂片近等大，上裂片先端微缺。子房褐色，无毛。花期 7—9 月。

锦绣杜鹃

Rhododendron × pulchrum Sweet

锦绣杜鹃，杜鹃花科，杜鹃花属。俗称毛杜鹃、毛鹃、紫鹃、春鹃、鲜艳杜鹃、毛叶杜鹃、鳞艳杜鹃。产于中国江苏、浙江、江西、福建、湖北、湖南、广东和广西。花期4—5月，果期9—10月。

半常绿灌木。株高达2—5米。幼枝密被淡棕色扁平糙伏毛。叶椭圆形或椭圆披针形，长2—6厘米，先端钝尖，基部楔形，上面初被伏毛，后近无毛，下面被微柔毛及糙伏毛；叶柄长4—6毫米，被糙伏毛。花芽芽鳞沿中部被淡黄褐色毛，内有粘质；顶生伞形花序有1—5花；花梗长0.8—1.5厘米，被红棕色扁平糙伏毛；花萼5裂，裂片披针形，长0.8—1.2厘米，被糙伏毛；花冠漏斗形，长4.8—5.2厘米，玫瑰色，有深紫红色斑点，5裂；雄蕊10，花丝下部被柔毛；子房被糙伏毛，花柱无毛。蒴果长圆状卵圆形，长约1厘米，被糙伏毛，有宿萼。

植
物

豆薯

Pachyrhizus erosus (L.) Urb.

　　豆薯，豆科，豆薯属。俗称番薯、凉薯、地瓜、沙葛。缠绕草质藤本。原产于美洲热带。中国台湾、福建、广东、海南、广西、云南、四川、贵州、湖南和湖北等地均有栽培。豆薯块根可生食或熟食。种子含鱼藤酮，可作杀虫剂，防治蚜虫有效。

　　稍被毛，有时基部稍木质。根块状，纺锤形或扁球形，一般直径在20—30厘米左右，肉质。羽状复叶具3小叶；托叶线状披针形，长5—11毫米；小托叶锥状，长约4毫米；小叶菱形或卵形，长4—18厘米，宽4—20厘米，中部以上不规则浅裂，裂片小，急尖，侧生小叶的两侧极不等，仅下面微被毛。总状花序长15—30厘米，每节有花3—5朵；

小苞片刚毛状，早落；萼长 9—11 毫米，被紧贴的长硬毛；花冠浅紫色或淡红色，长 15—20 毫米，中央近基部处有一黄绿色斑块及 2 枚胼胝状附属物，瓣柄以上有 2 枚半圆形、直立的耳，翼瓣镰刀形，基部具线形、向下的长耳，龙骨瓣近镰刀形，长 1.5—2 厘米；雄蕊二体，对旗瓣的 1 枚离生；子房被浅黄色长硬毛，花柱弯曲，柱头位于顶端以下的腹面。荚果带形，长 7.5—13 厘米，宽 12—15 毫米，扁平，被细长糙伏毛；种子每荚 8—10 颗，近方形，长和宽 5—10 毫米，扁平。花期 8 月，果期 11 月。

植
物

芒萁

Dicranopteris pedata (Houtt.) Nakaike

芒萁，里白科，芒萁属。蕨类植物。广布于中国长江以南地区。朝鲜南部、日本也有。生强酸性土的荒坡或林缘，在森林砍伐后或放荒后的坡地上常成为优势的野生植物群落。对保持水土有效。

全草入药，有清热利尿、祛瘀止血之效。

植株高 45—90（—120）厘米，直立或蔓生。根状茎细长而横走。叶疏生，纸质，下面多少呈灰白色或灰蓝色，幼时沿羽轴及叶脉有锈黄色毛，老时逐渐脱落，叶柄长 24—56 厘米，叶轴一至二回或多回分叉，各回分叉的腋间有 1 个休眠芽，密被绒毛，并有 1 对叶状苞片，其基部两侧有 1 对羽状深裂的阔披针形羽片（末回分叉除外）；末回羽片长

16—23.5 厘米，宽 4—5.5 厘米，披针形，篦齿状羽裂几达羽轴；裂片条状披针形，钝头，顶端常微凹，全缘，侧脉每组有小脉 3—4（—5）条。孢子囊群着生于每组侧脉的上侧小脉的中部，在主脉两侧各排 1 行。

线柱兰

Zeuxine strateumatica (L.) Schltr.

线柱兰，兰科，线柱兰属。俗称细叶线柱兰。产于中国福建东南部、台湾、广东、香港、海南、广西西部、云南西部、四川南部及湖北西北部。生于海拔1000米以下沟边或河边潮湿草地。日本、东南亚、印度、克什米尔地区、阿富汗有分布。

植株高达28厘米。根状茎短。茎淡棕色，具多叶。叶淡褐色，无柄，具鞘抱茎，叶线形或线状披针形，长2—8厘米，宽2—6毫米，有时均为苞片状。总状花序几无花序梗，密生几朵至20余朵花，长2—5厘米。苞片卵状披针形，红褐色，长0.8—1.2厘米，长于花；子房椭圆状圆柱形，扭转，连花梗长5—6毫米；花白或黄白色；中萼片窄卵状长圆形，凹入，长4—5.5毫米，侧萼片斜长圆形，长4—5毫米，花瓣歪斜，半卵形或近镰状，与中萼片等长，宽1.5—1.8毫米，无毛，与中萼片粘贴呈兜状；唇瓣淡黄或黄色，肉质或较薄，舟状，基部囊状，内面两侧各具1枚近三角形胼胝体，中部收窄成爪，爪长约0.5毫米，中央具沟痕，前部横椭圆形，长2毫米，顶端钝圆稍凹下或微突。蒴果椭圆形，长约6毫米，淡褐色。花期春夏。

金纽扣

Acmella paniculata (Wall. ex DC.) R. K. Jansen

金纽扣，菊科，金纽扣属。俗称红铜水草、过海龙、黄花草、遍地红、天文草、小铜锤、散血草、红细水草。一年生草本。产于中国云南（西部、西南、南至东南部）、广东、广西（防城）及台湾。常生于田边、沟边、溪旁潮湿地、荒地、路旁及林缘，海拔800—1900米。印度、尼泊尔、缅甸、泰国、越南、老挝、柬埔寨、印度尼西亚、马来西亚、日本也有。

全草供药用，有解毒、消炎、消肿、祛风除湿、止痛、止咳定喘等功效。治感冒、肺结核、百日咳、哮喘、毒蛇咬伤、疮痈肿毒、跌打损伤及风湿关节炎等症，但有小毒，用时应注意。

茎直立或斜升，高15—70（—80）厘米，多分枝，带紫红色，有明显的纵条纹，被短柔毛或近无毛。节间长（1—）2—6厘米；叶卵形，宽卵圆形或椭圆形，长3—5厘米，宽0.6—2（—2.5）厘米，顶端短尖或稍钝，基部宽楔形至圆形，全缘、波状或具波状钝锯齿，侧脉细，2—3对，在下面稍明显，两面无毛或近无毛，叶柄长3—15毫米，被短毛或近无毛。头状花序单生，或圆锥状排列，卵圆形，径7—8

毫米，有或无舌状花；花序梗较短，长 2.5—6 厘米，少有更长，顶端有疏短毛；总苞片约 8 个，2 层，绿色，卵形或卵状长圆形，顶端钝或稍尖，长 2.5—3.5 毫米，无毛或边缘有缘毛；花托锥形，长 3—5（—6）毫米，托片膜质，倒卵形；花黄色，雌花舌状，舌片宽卵形或近圆形，长 1—1.5 毫米，顶端 3 浅裂；两性花花冠管状，长约 2 毫米，有 4—5 个裂片；瘦果长圆形，稍扁压，长 1.5—2 毫米，暗褐色，基部缩小，有白色的软骨质边缘，上端稍厚，有疣状腺体及疏微毛，边缘（有时一侧）有缘毛，顶端有 1—2 个不等长的细芒。花果期 4—11 月。

植
物

美人蕉

Canna indica L.

美人蕉，美人蕉科，美人蕉属。俗称蕉芋、姜芋。多年生直立草本。原产于西印度群岛和南美洲。中国南部及西南部有栽培。

姿态飘逸、花形奇特的美人蕉是南北园林、绿地广为栽种的观花植物。块茎可煮食或提取淀粉，适于老弱和小儿食用或制粉条、酿酒以及供工业用；茎叶纤维可造纸、制绳。

株高1—2米，植株无毛，有粗壮的根状茎。叶互生，质厚，卵状长椭圆形，下部叶较大，长约30—40厘米，全缘，顶端尖，基部阔楔形；中脉明显，侧脉羽状平行，叶柄有鞘。顶生总状花序具蜡质白粉；花常红色；苞片长约1.2厘米；萼片3，苞片状，淡绿色，披针形，长

1.5—2厘米；花瓣3，萼片状，长约4厘米，狭，顶端尖；退化雄蕊通常5枚，花瓣状，鲜红色，倒披针形，其中2或3枚较大，1枚反卷，成唇瓣；发育雄蕊仅一边有1发育的药室；子房下位，3室，每室具胚珠多颗。蒴果球形，绿色，具小软刺。

植
物

落葵

Basella alba L.

　　落葵，落葵科，落葵属。俗称篱笆菜、胭脂菜、紫葵、豆腐菜、潺菜、木耳菜、胭脂豆、藤菜、蘩露、蔠葵。一年生缠绕草本。原产于亚洲热带地区。中国南北各地多有种植，南方有逸为野生者。

　　落葵全身是宝。叶含有多种维生素和钙、铁，可栽培作蔬菜。庭园种植可供观赏。全草可药用，作为缓泻剂，有滑肠、散热、利大小便之功效；花汁有清血解毒作用，能解痘毒，外敷治痈毒及乳头破裂。果汁可作无害的食品着色剂。

　　落葵茎长可达数米，无毛，肉质，绿色或略带紫红色。叶片卵形或近圆形，长3—9厘米，宽2—8厘米，顶端渐尖，基部微心形或圆形，下延成柄，全缘，背面叶脉微凸起；叶柄长1—3厘米，上有凹槽。穗状花序腋生，长3—15（—20）厘米；苞片极小，早落；小苞片2，萼状，长圆形，宿存；

花被片淡红色或淡紫色，卵状长圆形，全缘，顶端钝圆，内折，下部白色，连合成筒；雄蕊着生花被筒口，花丝短，基部扁宽，白色，花药淡黄色；柱头椭圆形。果实球形，直径5—6毫米，红色至深红色或黑色，多汁液，外包宿存小苞片及花被。花期5—9月，果期7—10月。

植
物

洋蒲桃

Syzygium samarangense (Blume) Merr. & L. M. Perry

洋蒲桃，桃金娘科，蒲桃属。俗称莲雾、两雾、天桃、水蒲桃。乔木。原产于马来西亚及印度。中国福建、台湾、广东、海南及广西有栽培。

树、花、果三者皆可观。作为热带水果，形、色、味俱佳，果汁充盈，果味香甜。作为园林风景树、行道树和观果树，是热带地区的优选树种。

株高12米，嫩枝压扁。叶片薄革质，椭圆形至长圆形，长10—22厘米，宽5—8厘米，先端钝或稍尖，基部变狭，圆形或微心形，上面干后变黄褐色，下面多细小腺点，侧脉14—19对，以45°开角斜行向上，离边缘5毫米处互相结合成明显边脉，另在靠近边缘1.5毫米处有1条附加边脉，侧脉间相隔6—10毫米，有明显网脉；叶柄极短，长不过4毫米，有时近于无柄。聚伞花序顶生或腋生，长5—6厘米，有花数朵；花白色，花梗长约5毫米；萼管倒圆锥形，长7—8毫米，宽6—7毫米，萼齿4，半圆形，长 4 毫米，宽加倍；雄蕊极多，长约 1.5 厘米；花柱长 2.5—3 厘米。果实梨形或圆锥形，肉质，洋红色，发亮，长 4—5 厘米，顶部凹陷，有宿存的肉质萼片；种子 1 颗。花期 3—4 月，果实 5—6 月成熟。

植
物

牛茄子

Solanum capsicoides All.

　　牛茄子，茄科，茄属。俗称油辣果、颠茄子、癫茄、大颠茄、番鬼茄、颠茄、刺茄、刺茄子。草本或亚灌木状。原产于巴西。中国江苏、浙江、福建、台湾、江西、湖北、湖南、广东、海南、香港、广西、云南、贵州及四川有分布。生于海拔200—1500米荒地、疏林或灌丛中。全世界温暖地区亦有。

　　株高达60—100厘米。除茎、枝外各部均被长3—5毫米纤毛，茎

被细刺，常无毛或疏被纤毛。叶宽卵形，长5—13厘米，先端短尖或渐尖，基部心形，5—7浅裂或半裂，裂片三角形或卵形，边缘浅波状，无毛或脉疏被纤毛，缘毛较密，侧脉被细刺；叶柄长2—7厘米，微被纤毛及细刺。花序总状腋外生，长不及2厘米，花少。花梗被细刺及纤毛，长0.5—1.5厘米；花萼杯状，长约5毫米，径约8毫米，被细刺及纤毛，裂片卵形；花冠白色，长约2.5毫米，裂片披针形，长1—1.2厘米；花丝长约2.5毫米，花药长6毫米，顶端延长；花柱长7—8毫米。浆果扁球状，径3.5—6厘米，橘红色，果柄长2—2.5厘米，被细刺。种子边缘翅状，径4—6毫米。

植
物

黄花风铃木

Handroanthus chrysanthus (Jacq.) S. O. Grose

黄花风铃木，紫葳科，风铃木属。俗称黄金风铃木、巴西风铃木。因花色金黄，形如风铃，故名黄花风铃木。落叶乔木。原产于墨西哥及中南美洲。20世纪末引入中国。

独秀于早春蓝天下的黄花风铃木，充满热带风情和韵味，仿佛密集的风铃声，昭示着春天到来了！作为观赏花木，黄花风铃木，四季各显其美。孤植、丛植、列植于公园，均有极佳的观赏效果。也是庭园、学校的花木优选。因花期较短（15天左右），于是有了"热带的樱花"之美称。

株高4—5米，树皮有深刻裂纹，茎干枝条轻软纤细、纹路清晰；叶对生，纸质，有疏锯齿，掌状复叶，柄长，小叶4—5枚，五叶轮生，卵状椭圆形，全缘或疏齿缘，全叶被褐色细茸毛，先端尖，叶面粗糙；圆锥花序，顶生，花两性，萼筒管状，不规则开裂，花冠金黄色，漏斗形，长2.5—8厘米，形如

风铃，5 裂，花缘皱曲，但为两侧对称花，甜香，雄蕊 4 枚，二强，不突出；子房二室；果实为蓇葖果，长条形向下开裂，长 18—25 厘米，有许多绒毛以利种子散播，种子具翅；先花后叶，春季约 3—4 月间开花，花期较短，约 10—15 天。

植
物

石刁柏

Asparagus officinalis L.

石刁柏，天门冬科，天门冬属。俗称芦笋、露笋。原产于中国新疆和欧洲。新疆西北部有野生。中国其他地区常有栽培，也有少数逸为野生。全世界均有栽培，

石刁柏这个名字虽然很陌生，但在餐桌上，大众再熟悉不过了——它就是大名鼎鼎的舌尖上的芦笋！土里的石刁柏嫩芽，称为白笋，刚冒出地面的芽，就是芦笋（露笋）。在英国邱园的植物介绍里，把芦笋介绍为食物、药物和毒药。中医认为，石刁柏有清热利湿、活血散结之功效，用于治疗肝炎、银屑病、高脂血症、乳腺增生，对淋巴肉瘤、膀胱癌、乳腺癌、皮肤癌等也有一定的疗效。

直立草本，高可达 1 米；根稍肉质，粗 2—3 毫米。茎平滑，上部在后期常俯垂；分枝较柔弱。叶状枝每 3—6 枚成簇，近圆柱形，稍压扁，纤细，多少弧曲，长 5—30 毫米，粗 0.3—0.5 毫米；叶鳞片状，基部具刺状短距或近无距。花每 1—4 朵腋生，单性，雌雄异株，绿黄色，花梗长 7—14 毫米，关节位于上部或近中部；雄花花被片 6，长 5—6 毫米；花丝中部以下贴生于花被片上；花药矩圆形，长 1—1.5 毫米；雌花较小，花被长约 3 毫米，具 6 枚退化雄蕊。浆果球形，直径 7—8 毫米，成熟时红色，具 2—3 颗种子。

一点红

Emilia sonchifolia (L.) DC.

一点红，菊科，一点红属。俗称紫背叶、红背果、片红青、叶下红、红头草、牛奶奶、花古帽、野木耳菜、羊蹄草、红背叶。一年生草本。产于中国江苏西南部、安徽南部及西部、浙江、福建西部、台湾、江西、湖北、湖南、广东、香港、海南、广西、贵州、云南及四川，生于海拔800—2100米的山坡荒地、田埂或路旁。亚洲热带、亚热带和非洲广布。

全草药用，有消炎、止痢的功效，主治腮腺炎、乳腺炎、小儿疳积、皮肤湿疹等症。

茎直立或斜升，高达40厘米以下，常基部分枝，无毛或疏被短毛。下部叶密集，大头羽状分裂，长5—10厘米，下面常变紫色，两面被卷毛；中部叶疏生，较小，卵状披针形或长圆状披针形，无柄，基部箭状抱茎，全缘或有细齿；上部叶少数，线形。头状花序长7—8毫米，花前下垂，花后直立，常2—5排成疏伞房状，花序梗无苞片；总苞圆柱形，长0.8—1.4厘米，基部无小苞片，总苞片8—9，长圆状线形或线形，黄绿色，约与小花等长。小花粉红或紫色，长约9毫米。瘦果圆柱形，肋间被微毛；冠毛多，细软。花果期7—10月。

南美天胡荽

Hydrocotyle verticillata Thunb.

南美天胡荽，五加科，天胡荽属。俗称香菇草、铜钱草。多年生草本。欧洲、北美洲、非洲有分布。中国南北有栽培。

叶圆润可爱，状似一片片小荷叶，极为美观，且习性强健，适生性极强，常用于公园、绿地、庭园水景绿化，多植于浅水处或湿地；也可盆栽用于室内装饰。

茎蔓性，株高5—15厘米，节上常生根。叶倒生，具长柄，圆盾形，边缘波状，绿色，光亮。伞形花序，小花白色。花期6—8月。

植
物

蕹菜

Ipomoea aquatica Forsskal

蕹（wèng）菜，旋花科，番薯属。俗称空心菜、藤藤菜、通菜、藤藤花、蓊菜、通菜蓊、藤菜、通心菜、蕹。一年生草本。原产于中国。有近 2000 年的栽培历史。古文献《南方草木状》《嘉祐本草》《植物名实图考》都有记载。

作为一种蔬菜，现已广泛栽培，或有时逸为野生状态。中部及南部各省常见栽培，北方较少。宜生长于气候温暖湿润、土壤肥沃多湿的地方，不耐寒，遇霜冻茎、叶枯死。分布遍及热带亚洲、非洲和大洋洲。

除供蔬菜食用外，尚可药用，内服解饮食中毒，外敷治骨折、腹水及无名肿毒。蕹菜也是一种比较好的饲料。

蕹菜在栽培上有品种之分，有的以栽培条件分为水蕹菜（又叫小叶种或大蕹菜）和旱蕹菜（又叫大叶种或小蕹菜），有的以花色分为白花种（植株绿色，花白）、紫花种（植株各部略带紫色，花淡紫）。

蔓生或漂浮于水。茎圆柱形，有节，节间中

空，节上生根，无毛。叶片形状、大小有变化，卵形、长卵形、长卵状披针形或披针形，长 3.5—17 厘米，宽 0.9—8.5 厘米，顶端锐尖或渐尖，具小短尖头，基部心形、戟形或箭形，偶尔截形，全缘或波状，或有时基部有少数粗齿，两面近无毛或偶有稀疏柔毛；叶柄长 3—14 厘米，无毛。聚伞花序腋生，花序梗长 1.5—9 厘米，基部被柔毛，向上无毛，具 1—3（—5）朵花；苞片小鳞片状，长 1.5—2 毫米；花梗长 1.5—5 厘米，无毛；萼片近于等长，卵形，长 7—8 毫米，顶端钝，具小短尖头，外面无毛；花冠白色、淡红色或紫红色，漏斗状，长 3.5—5 厘米；雄蕊不等长，花丝基部被毛；子房圆锥状，无毛。蒴果卵球形至球形，径约 1 厘米，无毛。种子密被短柔毛或有时无毛。

植
物

紫苏

Perilla frutescens (L.) Britt.

　　紫苏，唇形科，紫苏属。药材名有子为苏子、兴帕夏噶、孜珠、香荾、薄荷、聋耳麻、野藿麻、水升麻、假紫苏、大紫苏、野苏麻、野苏、臭苏、香苏、鸡苏、青苏、白紫苏、黑苏、红苏、红勾苏、赤苏、荏子、白苏、荏、桂荏、苏。一年生草本。中国南北各地广泛栽培。不丹、印度、中南半岛，南至印度尼西亚（爪哇），东至日本、朝鲜也有。

　　中国栽培极广，供药用和香料用。入药部分以茎叶及子实为主，叶有镇痛、镇静、解毒作用，治感冒、因鱼蟹中毒致腹痛呕吐者有卓效；梗有平气安胎之功；子能镇咳、祛痰、平喘、发散精神之沉闷。叶又供食用，和肉类煮熟可增加后者的香味。种子榨出的油，名苏子油，供食用，又有防腐作用，供工业用。

　　紫苏变异极大。中国古书上称叶全绿的为白苏，称叶两面紫色或面青背紫的为紫苏，其变异不过因栽培而起，在分类上是一种。又白苏与紫苏除叶的颜色不同外，其他可作为区别之点的，即白苏的花通常白色，紫苏花常为粉红至紫红色，白苏被毛通常稍密（有时也有例外），果萼稍大，香气亦稍逊于紫苏，但差别微细。

　　株高达 2 米。茎绿或紫色，密被长柔毛。叶宽卵形或圆形，长 7—

13 厘米，先端尖或骤尖，基部圆或宽楔形，具粗锯齿，上面被柔毛，下面被平伏长柔毛；叶柄长 3—5 厘米，被长柔毛。轮伞总状花序密被长柔毛；苞片宽卵形或近圆形，长约 4 毫米，具短尖，被红褐色腺点，无毛。花梗长约 1.5 毫米，密被柔毛；花萼长约 3 毫米，直伸，下部被长柔毛及黄色腺点，下唇较上唇稍长；花冠长 3—4 毫米，稍被微柔毛，冠筒长 2—2.5 毫米。小坚果灰褐色，近球形，径约 1.5 毫米。花果期 8—12 月。

253

土沉香

Aquilaria sinensis (Lour.) Spreng.

　　土沉香，瑞香科，沉香属。俗称沉香、芫香、崖香、青桂香、栈香、女儿香、牙香树、白木香、香材。乔木。产于中国福建、广东、香港、海南及广西，生于低海拔疏林中。

　　中国特有的珍贵药用植物，名贵中药沉香是本种树干损伤后被真菌侵入寄生，木薄壁细胞内的淀粉在菌体酶的作用下，形成香脂，再经多年沉淀而得。有降气调中、暖肾止痛的功能。人们为取沉香，对该植物造成了严重破坏。

　　株高达15米。小枝具皱纹，幼时被疏柔毛。叶近革质，椭圆形、长圆形或倒卵形，长5—9厘米，先端骤尖，基部宽楔形，上面光亮，两面无毛，侧脉15—20对；叶柄长5—7毫米，被毛。花数朵组成伞形花序。花梗长5—6毫米，密被灰黄色柔毛；花萼钟状，萼筒长5—6毫米，裂片5，卵形，长4—5毫米，花瓣淡黄绿色，芳香，两面均密被短柔毛；花瓣10，鳞片状，生于萼筒喉部，密被毛；雄蕊10，花丝长约1毫米；子房密被白色柔毛，花柱极不明显。蒴果卵状球形，长2—3厘米，绿色，密被黄色柔毛，2瓣裂，每瓣具1种子。种子褐色，卵球形，长约1厘米，疏被毛，基部附属体长约1.5厘米，先端具短尖头。花期春夏，果期夏秋。

植
物

黄花羊蹄甲

Bauhinia tomentosa L.

　　黄花羊蹄甲，豆科，羊蹄甲属。直立灌木。原产于印度。叶子纸质，形似羊蹄，故名。不分四季，常年开花。如果不注意的话，很容易被误认为是黄槿，因为两者相似度很高。中国广东有栽培。

　　黄花羊蹄甲，花瓣明黄色。作为优质的庭园观赏灌木，花期绵长。根皮和花用以治疗痢疾，亦可为溃疡外敷药；种子可榨油；木材纹理细腻，是制造农具、枪托的好材料。

　　黄花羊蹄甲，高1—4米；幼嫩部分被锈色柔毛。叶纸质，近圆形，通常宽度略大于长度，直径3—7厘米，基部圆、截平或浅心形，先端2裂达叶长的2/5，上面无毛，下面被稀疏的短柔毛；基出脉7—9条；叶柄纤细，长1.5—3厘米；托叶锥尖，长约1厘米，被毛。花通常2朵、有时1—3朵组成侧生的花序；总花梗长1.2—3厘米；苞片和小苞片锥尖，长4—7毫米，被毛；花梗长8—10毫米；花蕾纺锤形，密被微柔毛，具凸头；萼佛焰状，长约2厘米，一侧开裂，顶具数枚长0.5—1毫米的小齿；花瓣淡黄色，上面一片基部中间有深黄色或紫色的斑块，阔倒卵形，长4—5.5厘米，宽3—4厘米，无瓣柄，先端圆，无毛，开花时各瓣互相覆叠为钟形的花冠；能育雄蕊10，花丝不等长，长1—2厘米，仅于基部被柔毛；子房具柄，密被茸毛，具长而无毛的花柱，柱头小，盾状。荚果带形，扁平，沿腹缝无棱脊，长7—15厘米，宽1.2—1.5厘米，果瓣革质，初时被毛，成熟时渐变秃净，具略凸起的网纹；种子近圆形，极扁平、褐色，直径6—8毫米。

植
物

香蕉

Musa nana Lour.

香蕉，芭蕉科，芭蕉属。著名的热带水果。俗称香蕉树、芭蕉树。虽冠以树名，却是高大草本植物，高可达 5 米。香蕉就是水果市场常见的种类。据文献报道，香蕉被认为是小果野蕉经过人工选育的三倍体，因此，本种也可用 *Musa acuminata* Colla 这一名称来表示。最大的果丛有 200 个果实。果稍呈弓形弯曲，长 12—30 厘米，径 3.4—3.8 厘米。果有 4—5 棱，先端渐窄。果柄较短，果皮青绿色，成熟后渐渐变黄。果肉松软，黄白色，味甜，香浓，无种子。

香蕉原产于南亚。比较原始的品种，果实内有黑色的米粒大小的种子。中国早在先秦时期开始种植，那时名为"甘蕉"。古人以其纤维制作"蕉布"，花、叶、根可入药。在香蕉的演变与栽培过程中，出现了很多品种，也引起诸多名与物的混淆。

射干

Belamcanda chinensis (L.) Redouté

射干，鸢尾科，射干属。多年生草本植物。根状茎为不规则的块状，黄色或黄褐色；花橙红色，散生紫褐色的斑点。花药呈条形。子房下位，倒卵形。蒴果倒卵形或长椭圆形，种子圆球形，黑色，极有光泽。在岭南，花期5月前后，果期6、7月。

射干，早在《荀子·劝学篇》中就有记载："西方有木焉，名曰射干，茎长四寸，生于高山之上，而临百仞之渊。"《神农本草经》认为，射干具有清热解毒、消痰、利咽的功效。可用于治疗扁桃体炎及腰痛等症。作为一种园林花卉，多见于中国黄河流域。岭南草丰盛，园林植物不胜数，射干较少见。射干花形飘逸，茎细而高，风中所见，幻若仙子。是花坛、花境和插花的绝佳材料。

桉

Eucalyptus robusta Smith

　　桉，桃金娘科，桉属。原产于澳大利亚及邻近岛屿等大洋洲地区。桉适合生长在热带地区的平原和山坡。喜酸性的红壤、黄壤和土层深厚的冲积土。树高可达20米以上，有些品种超过30米。树皮宿存，深褐色，厚2厘米，有不规则斜裂沟。嫩枝有棱，幼态叶对生，叶片厚革质，卵形，长11厘米，宽达7厘米，有柄。成熟叶卵状披针形，厚革质，不等侧，侧脉多而明显。桉种类繁多，约有522种和150个变种。19世纪引种至世界各地。

　　截至2012年，有96个国家或地区有栽培。主要分布中心在大洋洲。1890年由法国人将桉（细叶桉）引入中国，在广东、福建、广西、云南和四川等地有分布。具有较高的经济价值，可用于绿化（改善环境）、板材、造纸、饲料（有的桉树叶）、炼油（桉叶油）、医药。

　　对于桉的种植，也有不同声音。有人认为桉对环境有一定危害，有所谓"桉树林下不长草"的传言。但据研究发现，人工桉树林，也具有生物多样性意义。"不长草""抽水机""霸王树"之类的说法，目前看来尚缺乏依据。

植
物

芭蕉

Musa basjoo Siebold & Zucc. ex Iinuma

芭蕉，芭蕉科，芭蕉属。多年生大型草本植物。根茎较长，分生能力较强。叶片长圆形，叶面为鲜绿色，叶柄粗壮，下垂。苞片红褐色或紫色，雄花生于花序上部，雌花生于花序下部。浆果近乎三棱状，果柄短促。种子位于浆果内部，呈黑色。

又名天苴、绿天、扇仙、板蕉、牙蕉、大叶芭蕉、大头芭蕉。芭蕉原产于琉球群岛。中国南方大部以及陕西、甘肃、河南部分地区都有栽培。性喜温暖，但环境温度超过40℃易导致植株死亡。芭蕉要求土层深厚、疏松肥沃、排水良好。繁殖主要采用吸芽分株繁殖。芭蕉的叶纤维为芭蕉布的原料，亦为造纸原料。芭蕉果肉、花、叶、根中均含有多种丰富的微量元素，营养丰富，有较高食用价值。

很多人将芭蕉等同于香蕉。其

实，芭蕉和香蕉有一些明显的区别。相比香蕉，芭蕉的果柄较长，幼果的果棱多为3个，但成熟的芭蕉果，果棱比较模糊。香蕉的果柄短促，果棱4—5个。熟透的香蕉，果肉绵糯、香浓甘甜。芭蕉在口感上有酸涩的味道，且香味浅显。吃惯了香蕉的人，也有喜欢这种另类口味者。从营养和药用价值看，香蕉和芭蕉几无区别。它们都富含糖分和蛋白质，很容易被人体迅速吸收，转化成热量，并有预防肌肉痉挛的功效。我们常常看到运动员在比赛间歇吃香蕉的镜头，这正是因为香蕉能快速提供能量。

芭蕉具有较强的观赏性，深受古代文人的喜爱，并成为文学作品中重要的植物意象和题材。大量以芭蕉为意象和题材的名篇佳句在唐宋时期出现并固化，出现了一系列的特殊意象，比如"雨打芭蕉""展蕉"等。芭蕉根、茎、花皆可入药，有清热、止渴、利尿、解毒等功效。

植
物

白兰

Michelia × alba DC.

白兰，木兰科，含笑属。高大常绿乔木。俗称黄桷兰、缅栀、把儿兰、缅桂、白缅花、白缅桂。高达17米，枝广展，树冠宽伞形。幼枝及芽密被淡黄白色微柔毛，老时逐渐脱落。叶薄革质，长椭圆形或披针状椭圆形，长10—27厘米，先端长渐尖或尾尖，基部楔形，上面无毛，下面疏被微柔毛，网脉稀疏，干时明显。叶柄长1.5—2厘米，疏被微柔毛，托叶痕达叶柄近中部。花白色，极香，花被片10，披针形，长3—4厘米；雄蕊药隔长尖；雌蕊群被微柔毛，柄长约4毫米。心皮多数，常部分不发育。花期4—9月。夏季盛开，常不结实。聚合果蓇葖疏散，蓇葖革质，鲜红色。

原产于印度尼西亚爪哇，现广植于东南亚。中国福建、广东、广西、云南等地栽培极盛，长江流域多盆栽，在温室越冬。少见结实者。园艺多用嫁接繁殖，常以黄兰、含笑、火力楠等为砧木，也有用空中压条或靠接繁殖。

花洁白清香，夏秋间开放，花期长，叶色浓绿，为著名的庭园观赏树种，多栽为行道树。花可提取香精或熏茶，也可提制浸膏供药用，有行气化浊、治咳嗽等效。鲜叶可提取香油，称"白兰叶油"，可供调配香精。根皮可入药。

265

大白茅

Imperata cylindrica var. *major* (Nees) C. E. Hubbard

大白茅，禾本科，白茅属。多年生草本植物。具横走多节被鳞片的长根状茎。株高 25—90 厘米，具 2—4 节，节具长 2—10 毫米的白柔毛。叶鞘无毛或上部及边缘具柔毛，鞘口具疣基柔毛，鞘常聚集于秆基，老时破碎呈纤维状。叶舌干膜质，长约 1 毫米，顶端具细纤毛。叶片线形或线状披针形，长 10—40 厘米，宽 2—8 毫米，顶端渐尖，中脉在下面明显隆起并渐向基部增粗或成柄，边缘粗糙，上面被细柔毛；顶生叶短小，长 1—3 厘米。

圆锥花序穗状，长 6—15 厘米，宽 1—2 厘米，分枝短缩而密集，有时基部较稀疏。小穗柄顶端膨大成棒状，无毛或疏生丝状柔毛，长柄长 3—4 毫米，短柄长 1—2 毫米。小穗披针形，长 2.5—3.5（—4）毫米，基部密生长 12—15 毫米的丝状柔毛。两颖几相等，膜质或下部质地较厚，顶端渐尖，具 5 脉，中脉延伸至上部，背部脉间疏生长于小穗本身 3—4 倍的丝状柔毛，边缘稍具纤毛；第一外稃卵状长圆形，长为颖之半或更短，顶端尖，具齿裂及少数纤毛；第二外稃长约 1.5 毫米；内稃宽约 1.5 毫米，大于其长度，顶端截平，无芒，具微小的齿裂。

雄蕊2枚，花药黄色，长2—3毫米，先雌蕊而成熟；柱头2枚，紫黑色，自小穗顶端伸出。颖果椭圆形，长约1毫米。

大白茅分布于中国山东、河南、陕西、江苏、浙江、安徽、江西、湖南、湖北、福建、台湾、香港、广东、海南、广西、贵州、四川、云南、西藏等地，为南部各省草地的优势植物。在国外，广布于东半球和温暖地区，自非洲东南部、马达加斯加、阿富汗、伊朗、印度、斯里兰卡、马来西亚、印度尼西亚爪哇、菲律宾、日本至大洋洲。

大白茅适应性强，生态幅度广，自谷地河床至干旱草地都可见，也是空旷地、果园地、撂荒地以及田坎、堤岸和路边的极常见植物。

具有很高的药用价值，可治疗小便不利、黄疸、尿血、吐血、咳嗽、胃热等病症。

儿时有乡村生活经历的朋友，一定挖过茅根，那种咀嚼后的甜蜜，虽稍显粗糙，但那份来自大自然朴素的味道，恐怕常常萦绕于心，挥之不去，恰如人间之乡愁。

植
物

池杉

Taxodium distichum var. *imbricarium* (Nuttall) Croom

　　池杉，杉科，落羽杉属。高大乔木。俗称沼落羽松、池柏、沼杉。原产于北美。20世纪初首次引入中国南京。就像中国水杉在20世纪50年代走向世界一样，池杉的到来也可以说是"杉杉来迟"。

　　池杉树干基部膨大，通常伴随"膝状根"，过去一般认为具有"呼吸根"的功能。最新研究表明，膝状根主要是固定树干的作用，以防大树在大风中倒伏。池杉可以常年生长在湿地和浅水中，要不怎么叫池杉呢。晚秋和冬季，池杉满树叶子的铁锈红，在岭南浩渺的绿色植物背景下，就有了那么一点孤"红"自赏的味道了。

　　池杉倒映在池水上，一半是水波，还有一半就是火焰。

　　池杉树皮褐色，纵裂，会脱落。枝条向上伸展，树冠如尖塔形。当年

生小枝绿色，且细长，通常微向下弯垂，二年生小枝呈褐红色。叶钻形，微内曲，在枝上螺旋状伸展，上部微向外伸展或近直展，下部通常贴近小枝，基部下延，长4—10毫米，基部宽约1毫米，向上渐窄，先端有渐尖的锐尖头，下面有棱脊，上面中脉微隆起，每边有2—4条气孔线。

池杉属于雌雄同株异花，低龄树一般只开雌花，树龄达到5年以上，渐有雄花出现，通常15年以上树龄的池杉才会大量雌雄花同时开放，花期两个月左右。球果圆球形或矩圆状球形，有短梗，向下斜垂，熟时褐黄色，长2—4厘米，径1.8—3厘米；种鳞木质，盾形，中部种鳞高1.5—2厘米；种子不规则三角形，微扁，红褐色，长1.3—1.8厘米，宽0.5—1.1厘米，边缘有锐脊。花期3—4月，球果10月成熟。

池杉是著名观赏树种，是湿地造林、行道树、庭园树的优选植物。木材优良，纹理清晰且直，耐腐蚀，可用于造船、电杆、家具和建筑。东莞、南京、南通、杭州、武汉等地均有栽培。

植物

波罗蜜

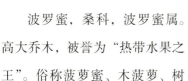

Artocarpus heterophyllus Lam.

　　波罗蜜，桑科，波罗蜜属。高大乔木，被誉为"热带水果之王"。俗称菠萝蜜、木菠萝、树菠萝、大树菠萝、蜜冬瓜。原产于东南亚地区。有记载，隋唐时从印度传入中国，称为"频那挲"（梵文 Panasa 对音）。宋代改称波罗蜜，沿用至今。在印度、中南半岛、南洋群岛、孟加拉国和巴西有种植。中国海南、广东、广西、云南东南部、福建、重庆南部有栽培。广东的波罗蜜以味美、鲜甜、苞大而闻名。

　　作为常绿乔木，可达 25 米以上，胸径 50 厘米。老树生有板状根。树皮灰褐色，幼龄时灰色，较平滑，老年多纵裂或横裂，内皮红色，砍开后有白色乳液流出。小枝粗壮，圆柱形，具明显的环状托叶痕，顶芽圆柱形。单叶互生，厚革质，深绿，椭圆形至倒卵形，长 7—15 厘米，先端钝而短尖，基部稍短尖，边全缘或有时 3 裂，上面无毛而光亮，下面粗糙，托叶大。花单生，雌雄同株，雄花序生于茎顶或枝条上，雌花序生于树干或主枝上，花淡黄色。

　　聚花果，熟时球形或矩圆形，径 10—50 厘米，长 25—90 厘米，外皮有稍六角形之瘤状，种子椭圆形，长 2—5 厘米，径约 2 厘米。波罗蜜是一种可以老茎开花的树种，主干、主枝甚至露地的根也可开花结果。

李时珍《本草纲目》描述最为详尽，这位古代本草大师估计是亲口尝过波罗蜜的，否则不可能细节频出："波罗蜜，梵语也。因此果味甘，故借名之。安南人名曩伽结，波斯人名婆那娑，拂林人名阿萨骅（duǒ），皆一物也。波罗蜜生交趾、南番诸国，今岭南、滇南亦有之。树高五六丈，树类冬青而黑润倍之。叶极光净，冬夏不凋。树至斗大方结实。不花而实，出于枝间。多者十数枚，少者五六枚，大如冬瓜，外有厚皮裹之。若栗球，上有软刺礌砢，五六月熟时，颗重五六斤。剥去外皮，壳内肉层叠如橘囊，食之味至甜美如蜜，香气满室。一实凡数百核，核大如枣，其中仁如栗黄，煮炒食之甚佳。果中之大者，惟此与椰子而已。"

波罗蜜，果形大，味甘甜，气味香。核果亦可煮食，富含淀粉。有止渴解烦、醒酒、益气、悦人颜色之功效，用于热盛津伤、中气不足、烦热口渴、饮食不香、面色无华、身体倦怠。树叶磨粉可治溃疡并可外敷创伤；树液（树皮流出的汁液）可治溃疡，有散结消肿、止痛功效，用于疮疖红肿或疮疖红肿引起的淋巴管炎。波罗蜜树，木材坚硬，可制家具，也可作黄色染料。

一般4—5年开始结果。波罗蜜果一般重8—10千克，最大可达15—20千克，为水果中果实最大者。波罗蜜的果实浅黄色，品种主要分为湿包和干

植物

包两大类。干包波罗蜜果皮坚硬，肉瓤肥厚，汁少、味甜，香气特殊而浓。湿包波罗蜜果汁多、柔软甜滑，鲜食味甘美，香气中等。成熟时，皮黄绿或黄褐色，外皮有六角形瘤突起，坚硬有软刺。肉淡黄白色，味甘甜多汁。

波罗蜜春季开花，果实成熟于夏秋季节，成熟时香味四溢，分外诱人。果实大若冬瓜、形如牛肚、皮似锯齿，黄灿灿的果肉浓香味美！波罗蜜的浓香可谓一绝，吃完后不仅口齿留芳，手上也是余香久久不退。连嘴馋的小孩子都知道，偷吃了波罗蜜，是瞒不过大人的。为此，波罗蜜又有一个好听的名字——"齿留香"。另外，波罗蜜的树一般比较高大，老树的根长达十几米，并且常有突出到地面，古朴清奇，令人惊叹。

植
物

垂序商陆

Phytolacca americana L.

垂序商陆，商陆科，商陆属。多年生草本植物。原产于美洲。株高可达 2 米，叶椭圆状卵形或卵状披针形，先端尖，基部楔形。种子肾圆形。花期 6—8 月，果期 8—10 月。在野生状态下，垂序商陆花枝飘逸、果实紫黑，如悬珠玑。

垂序商陆在 20 世纪 30 年代作为药用植物引进中国。1960 年以后逸生于长江流域以及黄河流域。2017 年 12 月列入第四批《中国外来入侵植物名录》。垂序商陆作为草药收录于1977 年版《国家药典》以来，一直与商陆同列为中药商陆的正品来源，由此可见垂序商陆的"重要性"：一方面药用价值很高，可以治病救人；另一方面由于生命力太过顽强，反落到人人喊打的地步。

垂序商陆和本土商陆均有一定毒性，尤其果实，可近赏可远观，唯不可食用。

鬼针草

Bidens pilosa L.

鬼针草，菊科，鬼针草属。俗称金盏银盘、白花鬼针草、三叶鬼针草、盲肠草。原产于南美洲和中美洲，在亚洲和美洲热带、亚热带地区广布。在中国广泛分布。

茎呈钝四棱形。茎下部叶较小，3裂或不分裂，中部叶三出，小叶3枚，两侧小叶椭圆形或卵状椭圆形，顶生小叶较大，长椭圆形或卵状长圆形，上部叶小，3裂或不分裂，条状披针形。头状花序，总苞苞片7—8枚，草质，被细短毛或几乎无毛，舌状花白色，筒状花黄色，裂

片 5 片。瘦果黑色，条形，具 3—4 棱，被短毛。果先端冠毛芒状，顶端芒刺 3—4 枚，具倒刺毛。

鬼针草常生于村旁、道边及荒地中。喜温暖、湿润、阳光充足的环境，花期 8—9 月，果期 9—11 月。鬼针草于 2014 年被列入《中国外来入侵植物名单》，级别为 1 级，即恶性入侵类植物。其繁殖力强、扩散范围广、抗逆性强，同时具有强烈的化感作用。此外，鬼针草具有较高的生态价值，对镉、铅等重金属具有吸附作用。鬼针草也具清热解毒、祛风、散瘀活血等作用。

鬼针草在传播自身种子的策略上，可以说技高一筹：瘦果尖端细小的倒刺，裹扎在动物皮毛上，被散播到可以生根发芽的荒野中。而鬼针草的这一生存技巧，深深启发了一位瑞士工程师，并发明了比鬼针草更鬼的"魔术贴"，也就是粘扣带，是背包、冲锋衣上少不了的配件。

植
物

大花紫薇

Lagerstroemia speciosa (L.) Pers.

大花紫薇，千屈菜科，紫薇属。俗称大叶紫薇、百日红、巴拿马、五里香、红薇花、佛泪花。紫薇的种名 *speciosa*，意思是"美丽的"。一看到高大的乔木紫薇，北方人顿感熟悉的灌木紫薇仿佛长错了地方。

大花紫薇原产于大洋洲、热带亚洲。于19世纪末引入中国台湾，至迟20世纪50年代作为观赏花木有意引入。主要分布于斯里兰卡、印度、马来西亚、越南及菲律宾等地。中国广东、广西及福建有栽培。

大花紫薇高可达25米；树皮灰色，平滑。叶对生，长椭圆形或长卵形。圆锥花序顶生。花冠大，紫或紫红色，花瓣6枚，卷皱状。蒴果圆形，成熟时茶褐色。花期5—7月，果期10—12月。

花大，秀丽，常作庭园绿化观赏植物。其木材坚硬，耐腐力强，色红而亮，常用于家具、舟车、桥梁、电杆、枕木及建筑等，也作水中用材，其木材经济价值据说可与柚木相比。树皮及叶可作泻药，种子具有麻醉性，根含单宁，可作医药上的收敛剂。

植
物

大藻

Pistia stratiotes L.

　　大藻，天南星科，大藻属。多年生浮水草本，是大藻属里唯一的物种。叶簇生成莲座状，因此就有了各种与莲相关的俗称，比如水莲花、水白菜、大叶莲、水芙蓉。还因为可以做猪饲料，就有了"肥猪草"这样朴素而实在的名字。

　　大藻的须根在水下为密集的羽状。叶簇生成莲座状，叶片常因发育阶段不同而形异，倒卵形、倒三角形、扇形、倒卵状长楔形。二面被毛，基部尤为浓密。叶脉扇状伸展，背面明显隆起呈褶皱状。佛焰苞白色，5—11 月开花。

　　全球热带及亚热带地区广布。在中国福建、台湾、广东、广西、云南各省热带地区野生，湖南、湖北、江苏、浙江、安徽、山东、四川等省都有栽培。大藻喜高温高湿气候，耐寒性差。

　　大藻全株可用作猪饲料。入药可外敷无名肿毒；亦可煮水洗汗瘢、血热作痒，消跌打肿痛；煎水内服可通经，治水肿、小便不利、汗皮疹、臁疮、水蛊。

刀豆

Canavalia gladiata (Jacq.) DC.

　　刀豆，豆科，刀豆属。缠绕草本。俗称挟剑豆、野刀板藤、葛豆、刀豆角、刀板豆。藤长可达数米，羽状复叶，小叶卵形，基部宽楔形，侧生小叶偏斜。叶柄常较小，叶片较短，小叶柄被毛。总状花序具长总花梗，有花数朵生于总轴中部以上。花梗极短，小苞片卵形，早落。花冠白色或粉红，旗瓣宽椭圆形，顶端凹入，子房线形，被毛。荚果带状，略弯曲，种子椭圆形或长椭圆形，种皮红色或褐色，种脐约为种子周长的 3/4。7—9 月开花，10 月结果。

　　分布于中国长江以南各省（有栽培）。热带、亚热带地区广布。段成式《酉阳杂俎》曾记载："乐浪有挟剑豆，荚生横斜，如人挟剑。"这或许表明，刀豆在中国有很长的栽培历史。

　　嫩荚和种子供食用，但须先用盐水煮熟，然后换清水煮，方可食用。刀豆生吃或炒不熟吃容易引起中毒。人吃了不熟的刀豆会在 3 小时左右出现恶心、呕吐、肚子痛、头晕等中毒症状，因此要注意炒熟。如果凉拌食，也要煮 10 分钟。

地桃花

Urena lobata L.

地桃花，锦葵科，梵天花属。亚灌木状草本植物。高约 1 米。叶片形状、大小差异较大，呈卵状三角形、卵形或圆形。花单生或近簇生叶腋；花梗长 2—3 毫米；花冠淡红色，呈倒卵形。果实呈扁球形；种子呈肾形，无毛。花期 7—10 月，果期为次年 1—2 月。分布于中国长江以南地区。在印度、日本及东南亚各国也有分布。喜光照，耐半阴，喜温暖湿润气候，常生长于山坡、灌木丛中。

　　地桃花始载于《广西药植图志》，因其生于地面，花似桃花，故名。地桃花有名目繁多且意趣深远的俗称，足见民间对它的偏好与重视：天下捶、八卦拦路虎、假桃花、粘油子、八卦草、迷马桩、梵尚花、羊带归、虱麻头、奇马桩、红孩儿、石松毛、牛毛七、半边月、拔脓膏、大梅花树、野茄子、山茄簸、油玲花、土杜仲、野桐乔、山棋菜、刀伤药、肖梵天花、三角风、桃子草、刺头婆、千下垂、大迷马桩棵、土黄芪、巴巴叶、窝吼、地马格。以根和全草入药。秋季采挖，洗净切碎晒干，主治祛风活血、清热利湿、解毒消肿。

植
物

东风草

Blumea megacephala (Randeria) C. C. Chang & Y. Q. Tseng

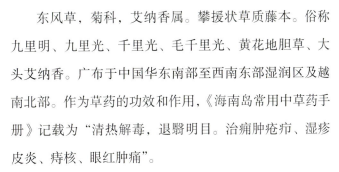

东风草，菊科，艾纳香属。攀援状草质藤本。俗称九里明、九里光、千里光、毛千里光、黄花地胆草、大头艾纳香。广布于中国华东南部至西南东部湿润区及越南北部。作为草药的功效和作用，《海南岛常用中草药手册》记载为"清热解毒，退翳明目。治痈肿疮疖、湿疹皮炎、痔核、眼红肿痛"。

茎被疏毛或后脱毛。茎下部和中部叶卵形、卵状长圆形或长椭圆形，长7—10厘米，边缘有疏细齿或点状齿，上面被疏毛，下面无毛或被疏毛，侧脉5—7对，叶柄长2—6毫米。小枝上部叶椭圆形或卵状长圆形，长2—5厘米，有细齿，具短柄。叶卵形至长椭圆形，上部叶具柄。头状花序径1.5—2厘米，1—7个在腋生枝顶排成总状或近伞房状，再组成具叶圆锥花序，花序梗长1—3厘米。总苞半球形，总苞片5—6层，外层卵形，长3—5毫米，背面被密毛，中层线状长圆形，长0.8—1厘米，背面脊被毛，有缘毛。花托平，径0.8—1.1厘米，密被白色长柔毛。花黄色，雌花多数，细管状。两性花花冠管状，连伸出的花药长约1厘米，被白毛。瘦果圆柱形，被疏毛，冠毛白色。

东风草，或与《吴都赋》所云"草则东风扶留"有关联。《楚辞·九歌·山鬼》里也有"东风飘兮神灵雨，留灵脩兮憺忘归"。东风这个意象，在中国文化里含义颇丰，也用来比喻最重要的事物，比如《三国演义》所说"万事俱备，只欠东风"。

285

番薯

Ipomoea batatas (L.) Lamarck

番薯，旋花科，番薯属。多年生，具乳汁。草质藤本。俗称阿鹅、白薯、红苕、红薯、甜薯、山药、地瓜、山芋、玉枕薯、唐薯、朱薯、红山药、甘储、金薯、甘薯。根白、红或黄色。茎生不定根，匍匐地面。叶宽卵形或近圆形，有时呈心形，长5—12厘米，先端渐尖，基部心形或近平截，全缘或具缺裂；叶柄长2.5—20厘米。聚伞花序具1至7朵花组成伞状，花序梗长2—10.5厘米；苞片披针形，长2—4毫米，先端芒尖或骤尖；花梗长0.2—1厘米；萼片长圆形，先端骤芒尖；花冠粉红、白、淡紫或紫色，钟状或漏斗状，长3—4厘米，无毛；雄蕊及花柱内藏。果卵形或扁圆形。种子2粒，无毛。

番薯原产于美洲中部墨西哥和哥伦比亚一带，由西班牙人携至菲律宾等国栽种。番薯最早传进中国约在明朝万历年间，主要分广东和福建两条路径入中国。

中国引进番薯第一人是陈益。据史料记载，陈益是广东东莞虎门北栅人，明万历八年（1580），他身着布衣，肩搭包裹，搭乘友人的商船从虎门出发前往安南（今越南）。到达安南后，当地酋长接待他们时摆出一道官菜，这道菜香甜软滑，除了非常可口外，还能充饥，这便是番薯。陈益此后便特别留心番薯的生长习性和栽培方法，两年之后的

1582年，他冒着被杀的危险，收买酋卒，将薯种藏匿于铜鼓中，偷偷带回国。陈益在其祖父位于虎门金洲小捷山山腰的坟墓前购置了35亩地，开始大面积种植番薯。成功收获后，他决意要把这种食物广为传播，并将自己的寿穴也选在薯田边，要与番薯长相厮守。陈益作为"中国引种番薯第一人"，为我国开辟粮源作出重要贡献。

福建长乐人陈振龙同其子陈经纶在吕宋（今菲律宾）做生意多年，见当地种植一种叫"甘薯"的块根作物，块根"大如拳，皮色朱红，心脆多汁，生熟可食，产量又高，广种耐瘠"。想到家乡福建山多田少，土地贫瘠，粮食不足，陈振龙决心把甘薯引进中国。1593年菲律宾处于西班牙殖民统治之下，视甘薯为奇货，"禁不令出境"。陈振龙经过精心谋划，"取薯藤绞入汲水绳中"，并在绳面涂抹污泥，于1593年初夏，巧妙躲过殖民者关卡的检查，"始得渡海"。于农历五月下旬回到福建厦门。甘薯因来自域外，闽地人因之称为"番薯"。陈氏引进番薯之事，明人徐光启《农政全书》、谈迁《枣林杂俎》等均有论及。

番薯传入中国后，即显示出其适应力强、无地不宜的优良特性，产量之高，"一亩数十石，胜种谷二十倍"。加之"润泽可食，或煮或磨成粉，生食如葛，熟食如蜜，味似荸荠"，故能很快向内

植
物

地传播。17世纪初，江南水患严重，五谷不收，饥民流离。彼时，科学家徐光启因父丧正居住在上海家中，他得知福建等地种植的番薯是救荒的好作物，便从福建引种到上海，随之向江苏传播，收成颇佳。

康熙初年，陈振龙的五世孙陈川桂把番薯引种到浙江，陈川桂的儿子陈世元带着几位晚辈远赴河南、河北、山东等地广泛宣传，劝种番薯。据记述，陈世元在山东胶州古镇传授种植番薯的时候，亲自整地育秧，剪蔓扦插，到秋天收获，得薯尤多，于是一传十、十传百，竞相种植。番薯在华北地区便很快推广开来。

清乾隆时期，官方也大力提倡并推广番薯的栽种。在直隶，更由皇上"敕直省广劝栽植"。由于朝野上下积极推广，番薯很快在全国广为传种，并成为中国仅次于稻米、麦子和玉米的第四大粮食作物。1733年，番薯传到四川，1735年传至云南，1752年传至贵州。此后，番薯踪迹遍布西南。

飞扬草

Euphorbia hirta L.

飞扬草，大戟科，大戟属。一年生草本植物。俗称飞相草、乳籽草、大飞扬。生于向阳山坡、山谷、路旁或灌丛下。分布于中国浙江、江西、福建、台湾、湖南、广东、海南、广西、四川、贵州、云南。

茎呈近圆柱形，长15—50厘米，直径1—3毫米。表面黄褐色或浅棕红色；质脆，易折断，断面中空；地上部分被长粗毛。叶对生，皱缩，展平后叶片呈椭圆状卵形或略近菱形，长1—4厘米，宽0.5—1.3厘米；绿褐色，先端急尖或钝，基部偏斜，边缘有细锯齿，有3条较明显的叶脉。聚伞花序密集成头状，腋生，花序梗短。蒴果卵状三棱形。

飞扬草可入药。有清热解毒、利湿、止痒、通乳之功效。

植
物

非洲凌霄

Podranea ricasoliana (Tanfani) Sprague

　　非洲凌霄，紫葳科，非洲凌霄属。常绿半蔓性灌木。俗称紫云藤、紫芸藤。自然独立生长状态下，高1米左右，少数达到2米。叶对生，奇数羽状复叶，叶柄具凹沟。圆锥花序顶生，花冠漏斗状钟形，先端5裂，粉红到紫红色，喉部色深，有时带有紫红色脉纹。花期9—11月，果期2—3月。

　　非洲凌霄原产于非洲南部，性喜温暖至高温气候，生长适温18℃—28℃，气温在35℃以下、5℃以上生长正常。喜阳光，但也可耐半阴。喜排水良好的壤土至砂壤土。

　　作为一种用途较广的优良观花植物，近年引入中国，最早是在广东，深受园艺爱好者的追捧，丰富了景观的规划设计。

羊蹄甲

Bauhinia purpurea L.

羊蹄甲，豆科，羊蹄甲属。灌木或乔木。俗称紫花羊蹄甲、玲甲花。分布于中国南部以及中南半岛、印度、斯里兰卡。

高达 10 米。枝幼时微被毛，叶近圆形，长 10—15 厘米，先端分裂达叶长的 1/3—1/2，裂片先端圆钝或近急尖，基部浅心形，两面无毛或下面疏被微柔毛。基出脉 9—11；叶柄长 3—4 厘米。总状花序侧生或

顶生，少花，长 6—12 厘米，有时 2—4 个生于枝顶而成复总状花序，被褐色绢毛；花蕾多少纺锤形，具 4—5 棱或狭翅，顶钝；花梗长 7—12 毫米；萼佛焰状，一侧开裂达基部成外反的 2 裂片，裂片长 2—2.5 厘米，先端微裂，其中一片具 2 齿，另一片具 3 齿；花瓣桃红色，倒披针形，长 4—5 厘米，具脉纹和长的瓣柄；能育雄蕊 3，花丝与花瓣等长；退化雄蕊 5—6，长 6—10 毫米；子房具长柄，被黄褐色绢毛，柱头稍大，

斜盾形。荚果带状，扁平，长 12—15 厘米，宽 2—2.5 厘米，稍呈镰状。种子近圆形，扁平，径 1.2—1.5 厘米，种皮深褐色。

羊蹄甲属约有 570 种，中国有 35 种。宫粉羊蹄甲（*Bauhinia variegata* L.）、红花羊蹄甲（*Bauhinia blakeana* Dunn）均为岭南常见栽培的观赏植物，常植为行道树。这三种植物较为相似，不易区别，其主要分别为：羊蹄甲具能育雄蕊 3 枚，花瓣较狭窄，具长柄；而宫粉羊蹄甲和红花羊蹄甲有能育雄蕊 5 枚，花瓣较阔，具短柄。羊蹄甲的总状花序极短缩，花后能结果；宫粉羊蹄甲和红花羊蹄甲总状花序开展，有时复合为圆锥花序，通常不结果。

植
物

凤凰木

Delonix regia (Boj.) Raf.

　　凤凰木，豆科，凤凰木属。高大落叶乔木。俗称火凤凰、金凤花、红楹、火树、红花楹、凤凰花。原产于马达加斯加。据《植物名实图考》记载，本种于16世纪引种至中国澳门凤凰山，故名凤凰木。在云南、广西、广东、福建、台湾等地区也有种植。

　　凤凰木植株高大，树冠扁圆，枝多而展。二回羽状复叶，羽片对生，小叶两面被绢毛。花为伞房状总状花序顶生或腋生，花大而美丽，为鲜红至橙红色。荚果扁平带形，成熟时黑褐色。种子呈长圆形，平滑坚硬，

　　黄色染有褐斑。花期5—7月，果期8—10月。

　　凤凰木生长迅速，喜高温、阳光，浅根性但根系发达。抗风能力强，耐大气污染。耐干旱和贫瘠，以深厚肥沃、富含有机质的砂质壤土为主。多栽培于城市公园、庭园、道路绿化等地，主要采用播种繁殖。

　　凤凰木树皮可解热，治眩晕、心神不宁。根可治风湿痛。木材轻，可做小型家具。种子有毒，禁食用。根系有固氮根瘤菌，可节省肥料的施用。凤凰木与火焰花、木棉有"热带三把火"之称。

植
物

澳洲鸭脚木

Schefflera macrostachya (Benth.) Harms

　　澳洲鸭脚木，五加科，南鹅掌柴属。常绿乔木。原产于澳大利亚。中国广东、海南、福建等地有引种栽培。株高达 15 米，掌状复叶，小叶数随成长变化很大，幼树时 4—5 片，长大时 5—7 片，至乔木时可多达 16 片。小叶长椭圆形，叶缘波状，无毛。花小，红色，总状花序斜立于株顶。核果近球形，紫红色。

　　澳洲鸭脚木喜光，亦较耐阴，喜温暖湿润环境。四季常青，叶柄如轮辐，树姿优雅。掌状复叶大而美，是华南地区优良的观叶植物。适宜栽植于庭园一隅，独赏其美，也适宜列植、丛植于步行道旁，或点缀于林间，具有较高的观赏价值。若盆栽于客厅，则可展示热带风物之异趣。

甘蔗

Saccharum officinarum L.

甘蔗，禾本科，甘蔗属。多年生高大实心草本。俗称秀贵甘蔗、紫叶蔗、黑皮果蔗、黑蔗、拔地拉、黄皮果蔗、糖蔗。原产于新几内亚（也有学者认为是印度）。

约在周宣王时经南洋群岛传入中国南方。"蔗"的读音可能源自梵文sakara。10—13世纪，江南各省普遍种植甘蔗。中南半岛和南洋古国如真腊、占城、三佛齐、苏吉丹也普遍种甘蔗制糖。

公元6世纪伊朗萨珊王朝国王库思老一世将甘蔗引入伊朗种植。8—10世纪甘蔗的种植遍及伊拉克、埃及、西西里、伊比利亚半岛等地。后来葡萄牙和西班牙殖民者又把甘蔗带到了美洲。

甘蔗根状茎粗壮发达，秆高3—5（—6）米。叶鞘长于其节间，除鞘口具柔毛外余无毛，叶舌极短，生纤毛，叶片长达1米，宽4—6厘米，无毛，中脉粗壮，白色，边缘具锯齿状粗糙。圆锥花序大型，长 50 厘米左右，主轴除节具毛外余无毛，总状花序多数轮生，稠密，小穗线状长圆形，长 3.5—4 毫米，基盘具长于小穗 2—3 倍的丝状柔毛。第一颖脊间无脉，不具柔毛，顶端尖，边缘膜质；第二颖具 3 脉，中脉成脊，粗糙，无毛或具纤毛。第一外稃膜质，与颖近等长，无毛；第二外稃微小，无芒或退化，第二内稃披针形，鳞被无毛。

中国台湾、福建、广东、海南、广西、四川、云南等南方热带地区广泛种植。是全世界热带糖料生产国的主要经济作物，尤其在东南亚、太平洋诸岛国、大洋洲岛屿和美洲古巴等地。

植
物

扛板归

Persicaria perfoliata (L.) H. Gross

扛板归，蓼科，蓼属。一年生草本。俗称蛇倒退、犁头刺、河白草、蚂蚱簕、急解素、老虎脷、猫爪刺、蛇不过、蛇牙草、穿叶蓼。

茎攀援，具纵棱，具稀疏倒生皮刺。叶三角形，顶端钝或微尖，基部截形或微心形，薄纸质，上面无毛，下面沿叶脉疏生皮刺；叶柄与叶片近等长，具倒生皮刺，盾状着生于叶片的近基部；托叶鞘叶状，穿叶。总状花序呈短穗状，每苞片内具花2—4朵，花被5深裂，白色或淡红色，花被片椭圆形，果实增大，呈肉质，深蓝色；雄蕊8，略短于花被；花柱3，中上部合生，柱头头状。瘦果球形，成熟过程中颜色多变，最终变为黑色，有光泽，包于宿存花被内。花期6—8月，果期9—10月。

植
物

葛

Pueraria montana var. *lobata*

葛，豆科，葛属。粗壮藤本。俗称葛藤、野葛、野山葛、山葛藤、葛根。原产于中国，有 2500 年以上栽培史。除新疆、青海及西藏外，分布几遍全国。生于山地疏林或密林中。东南亚及澳大利亚亦有分布。

葛的名称最早出现在《诗经》里："彼采葛兮，一日不见，如三月兮。""葛之覃兮，施于中谷，维叶萋萋。黄鸟于飞，集于灌木，其鸣喈喈。"

诗中刻画了女性的思念之情和山中劳作的场景。

葛，藤长可达 8 米，全体被黄色长硬毛，茎基部木质，有粗厚的块状根。羽状复叶具 3 小叶；托叶背着，卵状长圆形，具线条；小托叶线状披针形，与小叶柄等长或较长；小叶三裂，偶尔全缘，顶生小叶宽卵形或斜卵形，长 7—15（—19）厘米，宽 5—12（—18）厘米，先端长渐尖；侧生小叶斜卵形，稍小，上面被淡黄色、平伏的疏柔毛。下面较密；小叶柄被黄褐色绒毛。总状花序长 15—30 厘米，中部以上花较密集；苞片线状披针形至线形，远比小苞片长，早落；小苞片卵形，长不及 2 毫米；花 2—3 朵聚生于花序轴的节上；花萼钟

形，长 8—10 毫米，被黄褐色柔毛，裂片披针形，渐尖，比萼管略长；花冠长 10—12 毫米，紫色，旗瓣倒卵形，基部有 2 耳及一黄色硬痂状附属体，具短瓣柄，翼瓣镰状，较龙骨瓣为狭，基部有线形、向下的耳，龙骨瓣镰状长圆形，基部有极小、急尖的耳；对旗瓣的 1 枚雄蕊仅上部离生；子房线形，被毛。荚果长椭圆形，长 5—9 厘米，宽 8—11 毫米，扁平，被褐色长硬毛。花期 9—10 月，果期 11—12 月。

　　葛根可供药用，有解表退热、生津止渴、止泻的功能，并能改善高血压病人的项强、头晕、头痛、耳鸣等症状。茎皮纤维供织布和造纸用。古代应用甚广，葛衣、葛巾均为平民服饰，葛纸、葛绳应用亦久，葛粉用于解酒。也是一种良好的水土保持植物。

植
物

海桐

Pittosporum tobira (Thunb.) W. T. Aiton

　　海桐，海桐科，海桐属。小乔木或灌木。高2—6米，枝条近轮生。叶聚生枝端，革质，狭倒卵形，长5—12厘米，宽1—4厘米，顶端圆形或微凹，边缘全缘，无毛或近叶柄处疏生短柔毛；叶柄长3—7毫米。花序近伞形，密生短柔毛；花有香气，白色或带淡黄绿色；花梗长8—14毫米；萼片5，卵形，长约5毫米；花瓣5，长约1.2厘米；雄蕊5；子房密生短柔毛。蒴果近球形，长约1.5厘米，裂为3片，果皮木质，厚约2毫米；种子长3—7毫米，暗红色。

　　分布在中国广东、福建、浙江、江苏，朝鲜、日本也有。多为庭园栽培植物。木材可作器具。

植
物

海芋

Alocasia odora (Roxb.) K. Koch

　　海芋，天南星科，海芋属。大型草本植物。俗称姑婆芋、狼毒、尖尾野芋头、野山芋、广东狼毒、痕芋头、野芋头、卜茹根、老虎芋、大虫芋、大虫楼、朴芋头、天蒙、大麻芋、天合芋、大黑附子、麻哈拉、麻芋头、黑附子、野芋、滴水芋、天荷、隔河仙、羞天草、滴水观音。

　　海芋，具匍匐根茎。有直立的上茎，茎高有的不及 10 厘米，有的高 3—5 米，基部生不定芽条。叶多数，亚革质，草绿色，箭状卵形，长 50—90 厘米，边缘波状，后裂片连合 1/5—1/10，侧脉斜升；叶柄绿或紫色，螺旋状排列，粗厚，长达 1.5 米。花序梗 2—3 丛生，圆柱形，

长 12—60 厘米，绿色，有时污紫色；佛焰苞管部绿色，卵形或短椭圆形，长 3—5 厘米，檐部黄绿色舟状，长圆形，长 10—30 厘米，略下弯，先端喙状；肉穗花序芳香；雌花序白色，长 2—4 厘米；不育雄花序绿白色，长（2.5—）5—6 厘米；能育雄花序淡黄色，长 3—7 厘米；附属器淡绿或乳黄色，圆锥状，长 3—5.5 厘米，具不规则槽纹。浆果红色，卵状，长 0.8—1 厘米，种子 1—2。花期四季，密林下常不开花。

产于中国江苏、台湾、福建、江西、湖北、湖南、广东、香港、海南、广西、贵州、四川、云南及西藏。生于海拔 1700 米以下林缘或河谷野芭蕉林下。孟加拉国、印度东北部至马来半岛、中南半岛、菲律宾及印度尼西亚有分布或栽培。根茎药用，但全株有毒。

在北方地区，海芋常见于家庭盆栽。植株粗犷中有婀娜，挺拔中有舒展。尤其原产于岭南的"滴水观音"，吸引了不少园艺爱好者，曾风靡一时。

植
物

风车草

Cyperus involucratus Rottboll

风车草，莎草科，莎草属。多年生草本植物。俗称旱伞草。形似风车，故名风车草。又，状如雨伞骨架，故别名旱伞草。原产于非洲。中国南北各省均有栽培，广布于森林边缘、湖边及沼泽。

株高 30—150 厘米，近圆柱状，上部稍粗糙，基部包裹以无叶的鞘，鞘棕色。根状茎短，粗大，须根坚硬。苞片 20 枚，几乎等长，较花序长约 2 倍，宽 2—11 毫米，向四周展开，平展。聚伞花序多次复出，长侧枝具多数第一次辐射枝，辐射枝最长达 7 厘米，每个第一次辐射枝具 4—10 个第二次辐射枝，最长达 15 厘米。小穗密集于第二次辐射枝上端，椭圆形或长圆状披针形，长 3—8 毫米，宽 1.5—3 毫米，压扁，具 6—26 朵花。小穗轴不具翅；鳞片紧密地覆瓦状排列，膜质、卵形，顶端渐尖，长约 2 毫米，苍白色，具锈色斑点，或为黄褐色，具 3—5 条脉。雄蕊 3，花药线形，顶端具刚毛状附属物。花柱短，柱头 3。小坚果椭圆形，近于三棱形，长为鳞片的 1/3，褐色。

风车草极具观赏价值。依水而生，植株茂密，茎秆挺拔，苞片形同风车，恍如童话中景象，引人遐想。种植于溪流岸边，与假山搭配，四季常绿，尽显闲适幽静的自然之美，风车草是园林水体造景常用的观叶植物。由于植株奇特，风车草也是优选的室内观叶植物，可盆栽观赏，亦可水培或作插花材料。江南一带可作露地栽培，常配置于溪流岸边、假山石缝隙，别具天然水乡意趣。

　　本草学认为，风车草有行气活血、解毒的功效，可用于瘀血作痛、蛇虫咬伤。

植
物

洋金凤

Caesalpinia pulcherrima (L.) Sw.

　　洋金凤，豆科，小凤花属。原产地可能是西印度群岛。17世纪由荷兰人引入中国台湾。清代吴震方（约1651—1704）在其《岭南杂记》下卷也有记载："金凤花，黄色如凤，心吐黄丝，叶类槐。余在七星岩见之，从僧乞其子，归种之，不生。"

　　灌木或小乔木，高达3—5米。二回羽状复叶对生，小叶椭圆形或倒卵形，顶部凹缺，有时具短尖头，基部歪斜。总状花序顶生或腋生，花瓣圆形具柄，橙黄色。荚果黑色。

　　洋金凤成熟的种子有毒，而不成熟的反倒可食。洋金凤有很多俗称，红蝴蝶、黄蝴蝶、蛱蝶花、蝴蝶花，不一而足。

软枝黄蝉

Allamanda cathartica L.

软枝黄蝉，夹竹桃科，黄蝉属。俗称金蝉、大花软枝黄蝉。原产于巴西。中国广西、广东、福建、台湾等地有栽培。

树皮、乳汁和种子有毒，若误食会引起腹痛、腹泻。

藤状灌木。株高达4米，具乳汁。叶对生或3—5轮生，呈倒卵形、窄倒卵形或长圆形，长6—15厘米，宽4—5厘米，无毛或下面脉被长柔毛，侧脉平；叶柄长约5毫米。花序梗短，花长7—14厘米，花冠黄色，花冠筒长4—8厘米，下部圆筒形，上部钟状，冠檐径9—14厘米，花冠裂片平截倒卵形或圆形。蒴果近球形，长3—7厘米，刺长达1厘米；种子扁平，边缘膜质或具翅。

植物

黄槐决明

Senna surattensis (Burm. f.) H. S. Irwin & Barneby

　　黄槐决明，豆科，决明属。常绿灌木或小乔木。俗称黄槐。原产于印度、斯里兰卡、印度尼西亚、菲律宾和澳大利亚。中国广西、广东、福建、台湾等地区有栽培。

　　黄槐决明形优美雍容，几乎常年黄花满枝。行道树遮天如云，孤植树迎风起舞。树冠圆整，其枝叶茂盛，花期绵长，花色金色灿烂，极富热带景象。已成为华南各地常见的行道树和园林风景树之一。更宜与红花、绿叶相配，为园林中重要配景花木。适植于庭园、绿地，或植作行道树。用于路边、池畔或庭前绿化。也常作绿篱和园林观赏植物。

　　株高5—7米；分枝多，小枝有肋条；树皮颇光滑，灰褐色；嫩枝、叶轴、叶柄被微柔毛。叶长 10—15 厘米；叶轴及叶柄呈扁四方形，最下 2 或 3 对小叶之间和叶柄上部有棍棒状腺体 2—3 枚；小叶 7—9 对，长椭圆形或卵形，长 2—5 厘米，宽 1—1.5 厘米，下面粉白色，被疏散、紧贴的长柔毛，边全缘；小叶柄长 1—1.5 毫米，被柔毛；托叶线形，弯曲，长约 1 厘米，早落。总状花序生于枝条上部的叶腋内；苞片卵状长圆形，外被微柔毛，长 5—8 毫米；萼片卵圆形，大小不等，内生的长 6—8 毫米，外生的长 3—4 毫米，有 3—5 脉；花瓣鲜黄至深黄色，卵形至倒卵形，长 1.5—2 厘米；雄蕊 10 枚，全部能育，最下 2 枚有较长的花丝，花药长椭圆形，2 侧裂；子房线形，被毛。荚果扁平，带状，开裂，长 7—10 厘米，宽 8—12 毫米，顶端具细长的喙，果颈长约 5 毫米，果柄明显。种子 10—12 颗，有光泽。花果期几全年。

火炭母

Persicaria chinensis (L.) H. Gross

火炭母，蓼科，蓼属。多年生蔓性草本。因其叶面有花纹如炭火烧过的印痕以及种子乌黑，故名。俗称乌炭子、火炭星、火炭藤、白饭草、白饭藤、信饭藤。

　　火炭母花白，细如饭粒，成熟后子呈黑色，外面包一层透明果肉，可食，有一种酸涩的甜味。叶子味道酸涩，类似酸蓼。秋后的火炭母叶子由灰绿渐变为橙红，赏心悦目，极具观赏性。

　　李时珍《本草纲目》记载："生恩州原野中。茎赤而柔，似细蓼。叶端尖，近梗形方。夏有白花。秋实如菽，青黑色，叶甘可食。"作为草药，有清热解毒、利湿消滞、凉血止痒、明目退翳之功效。

　　火炭母，茎长可达1米。茎圆柱形，略具棱沟，下部质坚实，多分枝，伏地者节处生根，嫩枝紫红色。单叶互生，矩圆状或卵状三角形。秋季枝顶开白色或淡红色小花，其头状花序组成圆锥状或伞房状。瘦果卵形，具三棱，黑色。

植
物

藿香蓟

Ageratum conyzoides L.

藿香蓟，菊科，藿香蓟属。一年生草本。俗称胜红蓟。原产于中南美洲。中国长江流域及以南地区的乡间、山坡、林地、河边广布，北方地区也常见。

藿香蓟与藿香常混淆，其实是两种不同的植物。藿香是唇形科藿香

属植物，与菊科的藿香蓟没什么亲戚关系。藿香散发着奇异的药香，而藿香蓟在民间则有臭草之称。对比实物是很容易分辨的。

藿香蓟无明显主根。茎粗壮，底部径 4 毫米，茎枝淡红色，或上部绿色覆盖白色尘状短柔毛。叶对生，叶片卵形或长圆形。花序伞房状，总苞钟状或半球形，苞片长圆形或披针状长圆形；花冠外面无毛或顶端有尘状微柔毛，淡紫色。瘦果黑褐色。

藿香蓟作为杂草已广泛分布于非洲全境、印度、印度尼西亚、老挝、柬埔寨、越南。喜温暖、阳光充足的环境，对土壤要求不严；不耐寒，在酷热下生长不良。藿香蓟花色多样，主要有蓝色、堇色、白色。

藿香蓟也可入药。主治咽喉痛、泄泻、肾结石、湿疹、鹅口疮、痈疮肿毒、下肢溃疡、中耳炎、外伤出血等症状。2023 年，藿香蓟被列入《重点管理外来入侵物种名录》。

植
物

人心果

Manilkara zapota (L.) van Royen

　　人心果，山榄科，铁线子属。因果实像人的心脏，故名人心果。乔木，栽培种多为灌木状。原产于美洲热带地区。1900年引入中国。台湾、福建、广东、海南、广西、四川及云南有栽培。果实可食，味甘可口，在西方也被称为"冰激淋果"。种仁含油率20%。树液是口香糖原料。树皮含植物碱，入药可治热症。

株高达20米。小枝叶痕明显。叶互生，密聚枝顶，革质，长圆形或卵状椭圆形，长6—19厘米，先端尖或钝，基部楔形，全缘或微波状，上面中脉凹下，侧脉纤细，平行，网脉细密；叶柄长1.5—3厘米。花1—2朵生于枝顶叶腋，花梗长2—2.5厘米，密被毛；花萼外轮裂片3枚，长6—7毫米，内轮3枚稍短，背面密被毛；花冠白色，长6—8毫米，花冠裂片先端具不规则细齿，背面两侧具2枚花瓣状附属物，能育雄蕊着生于花冠筒喉部，退化雄蕊花瓣状；子房圆锥状，长约4毫米，密被毛。浆果纺锤形、卵圆形或球形，长4厘米以上，褐色，果肉黄褐色。种子扁。花期4—9月，果期11月至翌年5月。

319

鸡蛋花

Plumeria rubra L.

　　鸡蛋花，夹竹桃科，鸡蛋花属。乔木或灌木。俗称缅栀子、印度素馨、大季花。鸡蛋花 17 世纪引入中国，最早一批品种，花冠内黄外白，色如蛋黄蛋白，故名鸡蛋花。原产于墨西哥。现广植于亚洲热带及亚热带地区。中国福建、广东、广西、海南及云南有栽培。鸡蛋花供药用及观赏，花治痢疾。

　　鸡蛋花株高可达 8 米；树皮淡绿色，平滑。叶厚纸质，椭圆形或窄长椭圆形，长 14—30 厘米，先端骤尖或渐尖，下面淡绿色，两面无毛，侧脉 30—40 对；叶柄长 4—7.5 厘米。花冠径 4—6 厘米，花冠裂片黄或白色，基部黄色，长 3—4.5 厘米，宽 1.5—2.5 厘米，斜展。蓇葖果长圆形，长 11—25 厘米，径 2—3 厘米。花期 3—9 月，果期 6—12 月。

鸡冠刺桐

Erythrina crista-galli L.

松湖草木

SONGHU CAOMU

鸡冠刺桐，豆科，刺桐属。灌木或小乔木。鸡冠刺桐花样奇特，形如鸡冠，故名。原产于巴西。中国台湾、广东、福建和云南的西双版纳有栽培。是岭南庭园树和公园、绿地的优选观赏树种。花期3—7月，花叶同时展开，以深红者为多。

　　鸡冠刺桐茎和叶柄稍具皮刺。羽状复叶具3小叶；小叶长卵形或披针状长椭圆形，长7—10厘米，宽3—4.5厘米，先端钝，基部近圆形。花与叶同出，总状花序顶生，每节有花1—3朵；花深红色，长3—5厘米，稍下垂或与花序轴成直角；花萼钟状，先端二浅裂；雄蕊二体；子房有柄，具细绒毛。荚果长约15厘米，褐色，种子间缢缩；种子大，亮褐色。

植
物

夹竹桃

Nerium oleander L.

　　夹竹桃，夹竹桃科，夹竹桃属。常绿小乔木或灌木。花形与花色近似桃花，故名。原产于伊朗、印度及尼泊尔。现广植于热带及亚热带地区。中国各地有栽培，南方为多，长江以北须在温室越冬。植株剧毒，种子含油量达 58.5%。是岭南地区公园、绿地、庭园的主要绿化树种，具有极高的观赏性和适应性，广受欢迎。花期四季，果期冬春。

　　株高达 6 米，具水液。叶 3 片轮生，稀对生，革质，窄椭圆状披针形，长 5—21 厘米，宽 1—3.5 厘米，先端渐尖或尖，基部楔形或下延，侧脉达 120 对，平行；叶柄长 5—8 毫米。聚伞花序组成伞房状，顶生。花芳香，花萼裂片窄三角形或窄卵形，长 0.3—1 厘米；花冠漏斗状，裂片向右覆盖，紫红、粉红、橙红、黄或白色，单瓣或重瓣，花冠筒长 1.2—2.2 厘米，喉部宽大；副花冠裂片 5，花瓣状，流苏状撕裂；雄蕊着生花冠筒顶部，花药箭头状，附着柱头，基部耳状，药隔丝状，被长柔毛；无花盘；心皮 2，离生。蓇葖果 2，离生，圆柱形，长 12—23 厘米，径 0.6—1 厘米。种子多数，长圆形，毛长 0.9—1.2 厘米。

植
物

假连翘

Duranta erecta L.

假连翘，马鞭草科，假连翘属。灌木。俗称金露华、金露花、篱笆树、花墙刺、洋刺、番仔刺、莲荞。原产于热带美洲。中国南部常见栽培，在部分地区也有野生状态。花果期5—10月，岭南地区全年可观。常作绿篱。花形优雅，果实垂如珠串。

株高达3米。枝被皮刺。叶卵状椭圆形或卵状披针形，长2—6.5厘米，先端短尖或钝，基部楔形，全缘或中部以上具锯齿，被柔毛；叶柄长约1厘米，被柔毛。总状圆锥花序。花萼管状，被毛，5裂和5棱；花冠蓝紫色，稍不整齐，5裂，裂片平展，内外被微毛。核果球形，无毛，径约5毫米，红黄色，为宿萼包被。

降香

Dalbergia odorifera T. C. Chen

　　降香，豆科，黄檀属。俗称降香黄檀、花梨木、花梨母、降香檀。产于海南。生于中海拔山坡疏林中、林缘或旷地上。木材质优，心材红褐色，坚重，纹理致密，有香味，可作香料；根、心材可入药，有理气止痛、散瘀止血的功效。

　　大乔木，高 10—15 米。小枝有小而密集的皮孔。羽状复叶长 12—15 厘米；小叶（3—）4—6 对，卵形或椭圆形，长 3.5—8 厘米，先端急尖而钝，基部圆或宽楔形，两面无毛。圆锥花序腋生，由多数聚伞花序组成；苞片近三角形，小苞片宽卵形；花萼钟状，下方 1 枚萼齿较长，披针形，其余宽卵形；花冠淡黄色或乳白色，花瓣近等长，具柄，旗瓣倒心形，翼瓣长圆形，龙骨瓣半月形，背弯拱；雄蕊 9，单体；子房窄椭圆形，具长柄，胚珠 1—2 粒。荚果舌状长圆形，长 4.5—8 厘米，宽 1.5—1.8 厘米，果瓣革质，对种子部分明显凸起呈棋子状，网纹不显著，通常有 1（—2）颗种子。种子肾形。

柑橘

Citrus reticulata Blanco

柑橘，芸香科，柑橘属。常绿小乔木或灌木。俗称橘子、番橘、橘仔、立花橘。我国柑橘栽培的历史，有典籍可考的，不少于两千五百年。《广东新语》中有"汉武帝时交趾有橘官……岁以甘橘进御……"一段，可知广东的柑橘种植至少也有两千一百年的历史了。所谓橘官，是封建王朝向橘农强征橘税和负责选贡事务的官员。汉、唐至宋初，沿袭此制。王栐《燕翼诒谋录》有记述宋初以前的有关史实"承平时，温州、鼎州、广州皆贡柑子"。今产于广东四会市的名为贡柑的品种据传即旧时的贡果之一，当时还规定贡果未达京都前禁止橘农出售果品。长江以南各柑橘产区中广州距当时的京城路途最远，而沿途所经各地，又有地方官僚的层层抽剥，这种贡制，真是如王栐所评述的"重为人害"，曾多次激起群众的反抗，广东的橘农直至宋仁宗时始获免进贡柑橘。

在追溯柑橘历史记载的同时，柑和橘的起源问题也值得探讨。汉代以前的书册记载，只有橘柚而未见有柑橙。到了公元3世纪的《风土记》才有"柑橘之果滋味甜美特异者也"之句。《南方草木状》明确地提出"柑乃橘之属"，该书比《风土记》稍晚一些年份问世，是记述五岭以南的植物，可见柑起先发现于南方，随着社会的经济发展和人们的生活活动，柑也跟着历史进展从南方播种到长江流域一带。从文字记载上，橘先见于柑，但并不等于说从实体上柑起源于橘，正如前面说过的，柑是一种来源更复杂的群，也可能其中有个别的"种"是与原始的橘平行发展。

据近代植物化学分析的资料表明，黄皮橘类、朱橘类大都含有川陈皮素，而红橘类则以红橘素为主。柑、橘类的叶、花、果皮等所含挥发油、黄酮类化合物及生物碱与甜橙类所含的大抵相同，只有少数不同或分量有差别。

常绿小乔木或灌木，高约3米；枝柔弱，通常有刺。叶互生，革质，披针形至卵状披针形，长5.5—8厘米，宽2.9—4厘米，顶端渐尖，基部楔形，全缘或具细钝齿；叶柄细长，翅不明显。花小，黄白色，单生或簇生于叶腋；萼片5；花瓣5；雄蕊18—24，花丝常3—5枚合生；子房9—15室。柑果扁球形，直径5—7厘米，橙黄色或淡红黄色，果皮疏松，肉瓣极易分离。长江以南地区广泛栽培，为我国著名果品之一。果皮即"陈皮"，可理气化痰和做胃药。核仁及叶能活血散结、消肿。种子油可制肥皂、润滑油。

辣木

Moringa oleifera Lam.

辣木，辣木科，辣木属。高大乔木。原产于印度。在中国广东有栽培。常种植在村旁、园地，亦有逸为野生的。东莞偶见栽培。

远看辣木会误以为是白花洋槐，果荚粗糙有棱，细长如腊肠树。

通常栽培供观赏。根、叶和嫩果有时亦可食用。种子可榨油，含油30%左右，可作一种清澈透明的高级钟表润滑油，且其对于气味有较强的吸收性和稳定性，故可用作定香剂。

乔木高约10米。树皮软木质，小枝被短柔毛。根有辛辣味。叶通常为3回羽状复叶，长25—50厘米；羽片4—6对；小叶椭圆形、宽椭圆形或卵形，长1—2厘米，宽0.7—1.4厘米，无毛。圆锥花序腋生，长约20厘米；苞片小；花具梗，直径约

2厘米，有香味，两侧对称；萼筒盆状，裂片5，狭披针形，被短柔毛，开花时向下弯曲；花瓣5，白色，生萼筒顶部，匙形，上面1枚较小；雄蕊5，花丝下部被微柔毛，退化雄蕊无花药；子房1室，侧膜胎座3，胚珠多数。蒴果细长，长20—50厘米，3裂。

植
物

蓝花丹

Plumbago auriculata Lam.

  蓝花丹，白花丹科，白花丹属。俗称蓝茉莉、花绣球。常绿柔弱半灌木。原产于南非南部。

  植株上端蔓状，高约 1 米或更长，除花序外，其余部分无毛，被有细小的钙质颗粒。叶薄，通常菱状卵形至狭长卵形，可能呈椭圆形或长倒卵形，长 3—6 厘米，宽 1.5—2 厘米，先端骤尖而有小短尖，罕钝或微凹，基部楔形，向下渐狭成柄，上部叶的叶柄基部常有较小半圆至长圆形的耳。穗状花序约含 18—30 枚花；总花梗短，通常长 2—12 毫米，穗轴（包括果期）长 2—5 厘米，与总花梗及其下方 1—2 节的茎上密被灰白色至淡黄褐色短绒毛；苞片长 4—10 毫米，宽约 1—2 毫米，线状狭长卵形，先端短渐尖，小苞长约 2—6 毫米，宽约 1—2 毫米，狭卵形或长卵形，先端急尖或有短尖；萼长 11—13.5 毫米，萼筒中部直径约 1.2 毫米，先端有 5 枚长卵状三角形的短小裂片，裂片外面被有均匀的微柔毛，萼筒上部和裂片的绿色部分着生具柄的腺；花冠淡蓝色至蓝白色，花冠筒长 3.2—3.4 厘米，中部直径 0.5—1 毫米，冠檐宽阔，直径通常 2.5—3.2 厘米，裂片长约 1.2—1.4 厘米，宽约 1 厘米，倒卵形，先端圆；雄蕊略露于喉部之外，花药长约 1.7 毫米，蓝色；子房近梨形，有5棱，棱在子房上部变宽而突出成角，花柱无毛，柱头内藏。花期6—9月和12月至翌年4月。我国华南、华东、西南和北京常有栽培。

植物

狼尾草

Pennisetum alopecuroides (L.) Spreng.

狼尾草，禾本科，狼尾草属。多年生草本。在广东，俗称老鼠狼、狗仔尾。原产于非洲。最初作为牧草引种，现多为公园绿地植物造景。狼尾草是充满童趣和野趣的植物。常逸生于田边、道旁或山坡。嫩时可作饲料。

秆高 30—100 厘米，花序以下常密生柔毛。叶片条形，宽 2—6 毫米。穗状圆锥花序长 5—20 厘米，主轴和分枝密生柔毛，分枝长 2—3 毫米；刚毛状小枝常呈紫色，长 1—1.5 厘米；小穗长 6—8 毫米，通常单生于由多数刚毛状小枝组成的总苞内，并于成熟时与它一起脱落；第一颖微小；第二颖长为小穗的 1/2—2/3；第一外稃与小穗等长，其边缘常包卷第二外稃；第二外稃软骨质，边缘薄，卷抱内稃。

变色瓜

Trichosanthes cucumerina L.

变色瓜，葫芦科，栝楼属。一年生攀援性草本。因其瓜形似老鼠（尤其授粉不久，两头尖，中间肥），故又名老鼠瓜。也称彩瓜。原产于印度、马来西亚。

雌雄同株异花，结果率高。根系发达，蔓长6—8米，生长旺盛，叶深绿色，两面密生茸毛，掌状，叶脉喷射状。间有绿色细条纹，果肉白色，成熟的种瓜色彩红艳，经久不落。剥开外皮，可见一粒粒红玛瑙般的种子。

适合庭园种植，以遮阴纳凉；在蔬菜大棚中，可实现四季收获。变色瓜可观、可食、亦可入药，一瓜三妙用，形、色、味俱全，可谓不可多得。

植
物

老鼠拉冬瓜

Zehneria japonica (Thunb.) H. Y. Liu

老鼠拉冬瓜，葫芦科，马㼎（bó）儿属。亦称马㼎儿、马交儿。
分布于非洲和亚洲热带到亚热带。全球 7 种，中国 5 种 1 变种。

老鼠拉冬瓜之名甚有童趣。因幼果碧青像极了缩小版的冬瓜，成串
儿挂在如琴弦的细藤上，故得名。其学名"马㼎儿"，反倒不容易被记
住，读起来都叫人觉得麻烦。常见于热带亚热带的林间枝丫上、水边的
芦苇上以及绿篱上。

攀援或平卧草本。茎、枝纤细，无毛。叶柄细，长 2.5—3.5 厘米，
初时有长柔毛，最后变无毛；叶片膜质，多型，三角状卵形、卵状心形
或戟形，不分裂或 3—5 浅裂，长 3—5 厘米，宽 2—4 厘米，若分裂时

松湖草木
SONGHU CAOMU

中间的裂片较长，三角形或披针状长圆形；侧裂片较小，三角形或披针状三角形，上面深绿色，粗糙，脉上有极短的柔毛，背面淡绿色，无毛；顶端急尖或稀短渐尖，基部弯缺半圆形，边缘微波状或有疏齿，脉掌状。花雌雄同株；雄花单生，稀2—3朵成短总状花序；花萼宽钟形，长1.5毫米；花冠淡黄色，有柔毛，裂片长圆形或卵状长圆形，长2—2.5毫米；雄蕊花药2枚2室，1枚1室，有时全部2室，花丝长0.5毫米，花药长1毫米，药室稍弓曲，药隔宽，稍伸出。果柄纤细，长2—3厘米；果长圆形或窄卵形，无毛，长1—1.5厘米，成熟后乳白、橘红或红色。种子灰白色，卵形，长3—5毫米。

植
物

类芦

Neyraudia reynaudiana (Kunth) Keng ex Hitchc.

类芦，禾本科，类芦属。多年生草本。生于低海拔的林缘、河边、山坡、草地。姿态优雅，新穗纤细，风吹草低，自然素朴之美，令见者喜不自胜。广泛分布于中国江苏、浙江、台湾、福建、江西、湖北、湖南、广东、香港、海南、广西、贵州、四川、云南及西藏。印度、缅甸至亚洲东南部均有分布。

类芦根茎木质，须根粗而坚硬。秆直立，高 2—3 米，径 0.5—1 厘米，通常节具分枝，节间被白粉。叶鞘无毛，沿颈部具柔毛；叶舌密生柔毛；叶片长 30—60 厘米，宽 0.5—1 厘米，扁平或卷折，先端长渐尖，无毛或上面生柔毛。圆锥花序长 30—60 厘米，分枝细长，开展或下垂。小穗长 6—8 毫米，具 5—8 小花，第一外稃不孕，无毛；颖片长 2—3 毫米；外稃长约 4 毫米，边脉有长约 2 毫米柔毛，具长 1—2 毫米反曲短芒；内稃短于外稃。花果期 8—12 月。

植
物

篱栏网

Merremia hederacea (Burm. f.) Hallier. f.

篱栏网，旋花科，篱栏网属。俗称鱼黄草、金花茉栾藤、小花山猪菜、茉栾藤、蛤仔花前月下、篱网藤、犁头网、广西百仔。产自中国福建、台湾、江西、广东、海南、广西及云南，生于海拔100—800米篱笆、灌丛或路边。印度、尼泊尔、巴基斯坦、东南亚、非洲、澳大利亚北部及太平洋岛屿亦有分布。

篱栏网花冠淡黄色，像小一号的牵牛花，因其藤细缠绕如网，故名。

缠绕或匍匐草本，匍匐茎有须根。茎细长，无毛或疏被长硬毛。叶心状卵形，长1.5—7.5厘米，先端渐尖或长渐尖，全缘或具不规则粗齿或裂齿，稀深裂或3浅裂；叶柄长1—5厘米，被小疣。聚伞花序腋生，具3—5花或更多，稀单花，花序梗长达5厘米。花梗长2—

5 毫米，与花序梗均被小疣；小苞片早落；萼片宽倒卵状匙形或近长方形，外萼片长约 3.5 毫米，内萼片长约 5 毫米，无毛，先端平截，具外倾凸尖；花冠黄色，钟状，长 8 毫米；雄蕊与花冠近等长，花丝疏被长柔毛。蒴果扁球形或宽圆锥形，4 瓣裂。种子 4，被锈色短柔毛，种脐具簇毛。

植
物

酸模叶蓼

Persicaria lapathifolia (L.) Delarbre

酸模叶蓼（liǎo），蓼科，蓼属。一年生草本。俗称大马蓼、旱苗蓼、斑蓼、柳叶蓼。广布于中国南北。生田边、路旁、水边、荒地或沟边湿地，海拔 30—3900 米。朝鲜、日本、蒙古、菲律宾、印度、巴基斯坦及欧洲也有分布。全球约有蓼属植物 230 种，中国有 113 种 26 变种。可见蓼属植物的多样性。

酸模叶蓼，以马蓼名始载于《神农本草经》，并在《本草纲目》也有记录。多见于水边、湿地。在田间被视为杂草；在药典，则是良药，具有解毒、除湿、活血的功效。姿态轻盈灵动，大马蓼之名，估计与李时珍所言"凡物大者，皆以马名之"有关。

一年生草本，高 40—90 厘米。茎直立，具分枝，无毛，节部膨大。

叶披针形或宽披针形，长5—15厘米，宽1—3厘米，顶端渐尖或急尖，基部楔形，上面绿色，常有一个大的黑褐色新月形斑点，两面沿中脉被短硬伏毛，全缘，边缘具粗缘毛；叶柄短，具短硬伏毛；托叶鞘筒状，长1.5—3厘米，膜质，淡褐色，无毛，具多数脉，顶端截形，无缘毛，稀具短缘毛。总状花序呈穗状，顶生或腋生，近直立，花紧密，通常由数个花穗再组成圆锥状，花序梗被腺体；苞片漏斗状，边缘具稀疏短缘毛；花被淡红色或白色，4（5）深裂，花被片椭圆形，脉粗壮，顶端叉分，外弯；雄蕊通常6。瘦果宽卵形，双凹，长2—3毫米，黑褐色，有光泽，包于宿存花被内。花期6—8月，果期7—9月。

植
物

柳叶牛膝

Achyranthes longifolia (Makino) Makino

柳叶牛膝，苋科，牛膝属。多年生草本。产自中国安徽、浙江、福建、台湾、江西、湖北、湖南、广东、广西、云南、贵州、四川及陕西，生于海拔1000米以下山坡、路边、疏林下。日本亦有分布。根可药用，药效和土牛膝略同。

株高可达1米。茎疏被柔毛。叶长圆状披针形或宽披针形，长10—18厘米，宽2—3厘米，先端渐尖，基部楔形，全缘，两面疏被柔毛；叶柄长0.2—1厘米，被柔毛。花序穗状，顶生及腋生，细长，花序梗被柔毛；苞片卵形，小苞片2，针形，基部两侧具耳状膜质裂片，花被片5，披针形，长约3毫米；雄蕊5，花丝基部合生，退化雄蕊方形，顶端具不明显牙齿。胞果近椭圆形，长约2.5毫米。花期9—10月，果期10—11月。

龙船花

Ixora chinensis Lam.

　　龙船花，茜草科，龙船花属。小灌木。俗称山丹、卖子木、蒋英木。因其花端午赛龙舟时节盛开，故名。产自中国福建、广东、香港、广西及湖南西南部。生于海拔200—800米山地灌丛、疏林及旷野中。东南亚也有分布。花形似绣球，花瓣精致且雅，所以在广西也有"水绣球"之名。多为花坛、绿篱和盆栽植物，以供观赏。药用可消疮、拔脓、祛风、止痛。

　　龙船花叶薄，革质或纸质，披针形、长圆状披针形或长圆状倒卵形，长6—13厘米，宽3—4厘米，先端短钝尖，基部楔形或圆，侧脉7—8对，纤细、明显，近叶缘连成边脉，横脉明显；叶柄极短，托叶长5—7毫米，鞘状，先端渐尖。花序径6—12厘米，花序梗短有红色分枝，萼筒长1.5—2毫米，萼裂片长0.8毫米；花冠红或红黄色，长2.5—3厘米，裂片倒卵形或近圆形，长5—7毫米。果近球形，双生，中间有沟，径7—8毫米，成熟时黑红色。花期5—7月。

植
物

少花龙葵

Solanum americanum Miller

　　少花龙葵，茄科，茄属。一年生草本。产自中国云南南部、江西、湖南、广西、广东、台湾等地。喜生于林间、田边、荒地。欧洲、亚洲、美洲的温带至热带亦有分布。俗称黑天天、天茄菜、飞天龙、地泡子、假灯笼草、白花菜、小果果、野茄秧、山辣椒、灯笼草、野海角、野伞子、石海椒、小苦菜、野梅椒、野辣虎、悠悠、天星星、天天豆、颜柔、黑狗眼、滨藜叶龙葵。

　　少花龙葵和龙葵虽是常见野草，却与餐桌上的茄子为近亲。有乡村生活经历者见龙葵都有亲近感，是很多人的童年记忆里的"植物标本"。果实精巧，有黑珍珠般的光亮，很小很迷人。偶尔也会从花钵中长出来，平添了庭园里的野趣、养花的乐趣。全草入药，可散瘀消肿、清热解毒。

　　茎无毛或近于无毛，高约1米。叶薄，卵形至卵状长圆形，长4—8厘米，宽2—4厘米，先

端渐尖，基部楔形下延至叶柄而成翅，叶缘近全缘，波状或有不规则的粗齿，两面均具疏柔毛，有时下面近于无毛；叶柄纤细，长约1—2厘米，具疏柔毛。花序近伞形，腋外生，纤细，具微柔毛，着生1—6朵花，总花梗长约1—2厘米，花梗长约5—8毫米，花小，直径约7毫米；萼绿色，直径约2毫米，5裂达中部，裂片卵形，先端钝，长约1毫米，具缘毛；花冠白色，筒部隐于萼内，长不及1毫米，冠檐长约3.5毫米，5裂，裂片卵状披针形，长约2.5毫米；花丝极短，花药黄色，长圆形，长1.5毫米，约为花丝长度的3—4倍，顶孔向内；子房近圆形，直径不及1毫米，花柱纤细，长约2毫米，中部以下具白色绒毛，柱头小，头状。浆果球状，直径约5毫米，幼时绿色，成熟后黑色。种子近卵形，两侧压扁，直径约1—1.5毫米。近乎全年均开花结果。

植物

金边龙舌兰

Agave americana var. *marginata* Trel.

金边龙舌兰，天门冬科，龙舌兰属。多年生草本。原产于热带美洲。华南及西南地区栽培，在云南已野化。本属约有 300 多种，分布于西半球干旱和半干旱的热带地区，尤以墨西哥的种类最多。中国引种栽培多种。有些龙舌兰种类，是著名的纤维织物。有些种类还含有甾体皂苷元，是生产甾体激素药物的重要原料。金边龙舌兰常做绿地栽培，供观赏。

金边龙舌兰茎不明显。叶基生呈莲座状，肉质，长 30—40 枚或更多，倒披针形，长 1—2 米，宽 15—20 厘米，先端具暗褐色硬尖刺，叶缘疏生刺状小齿。花茎粗壮，高达 6 米或更高，圆锥花序大型，具多花。花黄绿色，花被筒长约 1.2 厘米，花被裂片长 2.5—3 厘米；雄蕊长约花被 2 倍；花后花序生出少数珠芽。蒴果长圆形，长约 5 厘米。

芦竹

Arundo donax L

芦竹，禾本科，芦竹属。俗称毛鞘芦竹。芦竹叶片像芦苇，茎秆似竹，故名。多年生挺水草本。芦竹产自中国河北、江苏、安徽、浙江、台湾、福建、江西、湖北、湖南、广东、香港、海南、广西、贵州、四川及云南，生于河岸道旁、砂质壤土。南方各地庭园引种栽培。亚洲、非洲、大洋洲热带地区广布。

芦竹是园林优选造景植物。依水而生，倒影如诗。迎风而动，沙沙作响。极具观赏价值和人文情趣。

芦竹秆可制管乐器的簧片。茎纤维长，长宽比值大，纤维素含量高，是制优质纸浆和人造丝的原料。幼嫩枝叶的粗蛋白质达12%，是牲畜的良好饲料。

芦竹具粗而多节的根状茎。秆粗壮，高2—6米，可分枝。叶片扁平，宽2—5厘米。圆锥花序较密，直立，长30—60厘米；小穗含2—4小花，长10—12毫米；颖披针形，几等长，与外稃都有3—5脉；外稃具1—2毫米的短芒，背面中部以下密生略短于外稃的白柔毛；内稃长约为外稃之半。

植物

罗汉松

Podocarpus macrophyllus (Thunb.) Sweet

　　罗汉松，罗汉松科，罗汉松属。俗称土杉、罗汉杉、狭叶罗汉松。本属约 100 种，中国有 13 种 3 变种。产于中国江苏、浙江、福建、安徽、江西、湖南、四川、云南、贵州、广西、广东等地。日本也有分布。野生树木极少。

　　栽培于庭园作观赏树。材质细致均匀，易加工，可作家具、器具、文具及农具等用。

　　乔木，最高达 20 米，树皮浅裂，呈薄片状脱落。枝条开展或斜展，小枝密被黑色软毛或无。顶芽卵圆形，芽鳞先端长渐尖。叶螺旋状着生，革质，线状披针形，微弯，长 7—12 厘米，宽 0.7—1 厘米，上部微渐窄或渐窄，先端尖，基部楔形，上面深绿色，中脉显著隆起，下面灰绿色，被白粉；雄球花穗状，常 2—5 簇生，长 3—5 厘米。雌球花单生稀成对，有梗。种子卵圆形或近球形，径约 1 厘米，成熟时假种皮紫黑色，被白粉，肉质种托柱状椭圆形，红或紫红色，长于种子，种柄长于种托，长 1—1.5 厘米。

植
物

蔓荆

Vitex trifolia L.

蔓荆，唇形科，牡荆属。俗称三叶蔓荆、水稔子、白叶。产自中国福建、台湾、广东、海南、广西及云南，生于海边、河滩、树林及村旁。印度、越南、菲律宾、日本及大洋洲北部亦有分布。

蔓荆常隐于树林与水畔，蓝色的小花串儿，有质感而光滑的三小叶，令人过目难忘。

落叶小乔木或灌木状。小枝密被短柔毛。三小叶复叶，有时侧枝具单叶，叶柄长1—3厘米；小叶长圆形或倒卵状长圆形，长2.5—9厘米，先端钝或短尖，基部楔形，全缘，上面无毛或被微柔毛，下面密被灰白色绒毛。圆锥花序顶生，长3—15厘米，花序梗被绒毛。花萼钟状，5齿裂，被灰白色柔毛；花冠淡紫或蓝紫色，5裂，二唇形；雄蕊伸出花冠；子房无毛，密被腺点。核果近球形，径约5毫米，黑色。花期4—8月，果期8—11月。

357

毛草龙

Ludwigia octovalvis (Jacq.) Raven

毛草龙，柳叶菜科，丁香蓼属。多年生直立草本。俗称扫锅草、水秧草、水龙、针筒刺、水丁香、草龙、草里金钗。产自中国浙江南部、台湾、福建、江西、湖南东南部、广东、香港、海南、广西、贵州、四川、云南及西藏。生于海拔0—300（—750）米的田边、塘边、沟旁。亚洲、非洲、大洋洲、南美洲及太平洋岛屿热带与亚热带地区有分布。全草有疏风凉血、利尿的功能。

毛草龙，有时基部木质化，高达2米。多分枝，稍具纵棱，常被伸展的黄褐色粗毛。叶披针形或线状披针形，长4—12厘米，先端渐尖或长渐尖，基部渐窄，侧脉9—17对，两面被黄褐色粗毛；叶柄长达5毫米或无柄。萼片4，卵形，长6—9毫米，两面被粗毛；花瓣黄色，倒卵状楔形，长0.7—1.4厘米，先端钝圆或微凹，基部楔形，侧脉4—5对；雄蕊8，花丝长2—3毫米；花药具四合花粉；花柱与雄蕊近等长，柱头近头状，4浅裂；花盘隆起，基部围以白毛，子房密被粗毛。蒴果圆柱状，具8条棱，长2.5—3.5厘米，被粗毛；果柄长0.3—1厘米。种子每室多列，离生，近球形或倒卵圆形，一侧稍内陷，径0.6—0.7毫米，种脊明显，具横条纹。花期6—8月，果期8—11月。

植
物

美丽异木棉

Ceiba speciosa (A.St.-Hil.) Ravenna

美丽异木棉，锦葵科，吉贝属。俗称美人树、美丽木棉、丝木棉。落叶乔木。原产于南美洲。20 世纪 50 年代引入中国，台湾、广东、福建、广西、海南、云南、四川有栽培。花期长，夏至冬均有花开放，以冬季为盛。不耐寒，喜光，喜温暖湿润。抗污染。深根性。

株高 10—15 米。树干下部膨大，幼树树皮浓绿色，密生圆锥状皮刺，侧枝放射状水平伸展或斜向伸展；掌状复叶，小叶5—9，椭圆形。花单生，花冠淡紫红色，中心白色，也有白、粉红、黄色等，即使同一植株也可能黄花、白花、黑斑花并存，因而更显珍奇稀有。蒴果椭圆形。

美丽异木棉树冠伞形，叶色青翠，花期由夏至冬，持续数月，花朵大而艳，盛花期满树妮紫，艳压群芳，极为壮观迷人，是优良的观花乔木。岭南地区常用作道路绿化，以绿色植物为背景衬托其盛花期的壮丽美景，是道路、庭园优选绿化树种。

361

木棉

Bombax ceiba L.

　　木棉，锦葵科，木棉属。落叶大乔木。俗称攀枝、斑芝树、斑芝棉、攀枝花、英雄树、红棉。木棉的果实爆裂后，棉絮雪白，故名木棉。

　　木棉原产于中国亚热带地区。分布于印度、南非、尼泊尔、菲律宾、印度尼西亚、马来西亚、澳大利亚。木棉生于海拔 1500 米以下的干热河谷和平缓稀树草原。

　　木棉在汉代文献中已有记载。木棉的花、根、树皮具有药用价值，《本草纲目》《生草药性备要》《本草求原》等古籍均有提及。花可食用。

种子可榨油。果内纤维可织布。木棉花大而美，树姿巍峨，可植为庭园观赏树、行道树，也具有一定的生态价值。于2018年被列入《世界自然保护联盟濒危物种红色名录》。

　　植株高25米。树皮灰白色，幼树的树干有圆锥状的粗刺，分枝平展。复叶为掌状。花单生枝顶叶腋，通常红色，也有橙黄和橙红者。花瓣肉质，在干热地区，花比叶先开放，在季雨林或雨林气候条件下，则花叶同时。蒴果为长圆形，密被灰白色长柔毛和星状柔毛。种子多数，为光滑的倒卵形。花期3—4月，果期夏季。

植
物

爆仗竹

Russelia equisetiformis Schltdl. & Cham.

　　爆仗竹，车前科，爆仗竹属。木贼状半灌木。俗称吉祥草、炮仗竹、炮仗花。原产于中美洲。中国广东、广西、福建、海南庭园均有栽培。

　　爆仗竹花开深红，好似密集的鞭炮，看名字就能猜到花型，充满喜庆的色彩。有个小名叫吉祥草，同样惹人喜爱。

　　爆仗竹高可达1米，全体无毛。茎分枝轮生，细长，具棱。叶轮生，退化为披针形的鳞片。聚伞圆锥花序狭长，小聚伞花序有花1—3朵，

总花梗长达 3 厘米，苞片钻形；花梗长近 1 厘米；花萼小，长仅 2—3 毫米,5 深裂过半，裂片卵状三角形，急尖，覆瓦状排列；花冠长达 2 厘米，红色，具长筒，不明显 2 唇形，上唇 2 裂，下唇 3 裂；雄蕊 4 枚，内藏，退化雄蕊极小，位于花冠筒基部的后方。蒴果球形，室间开裂。

植
物

枇杷

Eriobotrya japonica (Thunb.) Lindl.

　　枇杷，蔷薇科，枇杷属。俗称芦橘、金丸、芦枝。常绿小乔木。原产于中国四川、湖北。中国最迟在西汉始种枇杷，已有 2000 多年栽培史。现分布于安徽、江苏、浙江、福建、台湾、江西、河南、湖北、湖南、广东、广西、贵州、云南、四川、甘肃及陕西。西班牙、巴基斯坦、阿尔及利亚、日本、土耳其、印度、越南、缅甸、泰国、印度尼西亚亦有栽培。

　　关于枇杷之名的由来一个流行的解释是，因其树叶形似琵琶而得名。琵琶作为一种乐器，最初名曰"批把"，魏晋时期才有琵琶之名。关于枇杷最早的文字记载是东汉末年应劭编写的《风俗通义》，书中记载："枇把，谨按：此近世乐家所作，不知谁也，以手批把，因以为名。"一佳果，一乐器，美味与仙乐，萦绕至今。

　　《广群芳谱》中对枇杷的描述是："秋萌，冬花，春实，夏熟，备四时之气，他物无与类者。"作为果王，枇杷随一年四季更替而变，天然之美，自然之味，确为果林独秀，木中无两。在唐宋，传颂枇杷的诗文不胜数。宋代杨万里咏的枇杷诗至今为人乐道："大叶耸长耳，一梢堪满盘。荔支分与核，金橘却无酸。雨压低枝重，浆流水齿寒。长卿今在否，莫遣作园官。"

　　多数木材硬重坚韧，可供制农具柄及器物之

用。有些种类果实可供生食或加工。

    常绿小乔木，高达10米。小枝粗，密被锈色或灰棕色绒毛。叶革质，披针形、倒披针形、倒卵形或椭圆状长圆形，长12—30厘米，先端急尖或渐尖，基部楔形或渐窄成叶柄，上部边缘有疏锯齿，基部全缘，上面多皱，下面密被灰棕色绒毛，侧脉11—21对；叶柄长0.6—1厘米，被灰棕色绒毛，托叶钻形，有毛。花多数组成圆锥花序，径10—19厘米；花序梗和花梗均密被锈色绒毛；苞片钻形，密生锈色绒毛。花梗长2—8毫米；花径1.2—2厘米，被丝托浅杯状，被锈色绒毛，萼片三角状卵形，外面被锈色绒毛；花瓣白色，长圆形或卵形，基部有爪，被锈色绒毛；雄蕊20，花柱5，离生，柱头头状，无毛，子房顶端有锈色绒毛，5室，每室2胚珠。果球形或长圆形，径2—5厘米，黄色或橘黄色。花期10—12月，果期5—6月。

植
物

菩提树

Ficus religiosa L.

菩提树，桑科，榕属。大乔木。俗称思维树、菩提榕、觉树、沙罗双树、阿摩洛珈、阿里多罗、印度菩提树、黄桷树、毕钵罗树。

"菩提"一词，原为古印度梵语 Bodhi 的音译，意为觉悟与智慧。在英语里，"菩提树"一词为 peepul、bo-tree 或 large-tree 等，有大慈大悲、明辨善恶、觉悟真理之意。在植物分类学中，菩提树的拉丁学名为 *Ficus religosa* L.，有神圣宗教之意。

据史籍记载，梁武帝天监元年（502），印度僧人智药三藏从西竺引种菩提树植于广州光孝寺坛前，从那以后中国才有了菩提树。所以广东是中国较早栽培菩提树的地方之一。

唐朝初年，僧人神秀与其师兄慧能对话，写下诗句："身是菩提树，心如明镜台，时时勤拂拭，莫使惹尘埃。"慧能看后回写了一首："菩提本无树，明镜亦非台，本来无一物，何处惹尘埃。"诗中以物表意，借物论道的对话流传甚广，成为禅宗著名的历史依据。从此也使菩提树声名大振。

菩提本有树，一叶一世界。花隐果满枝，悲欣见真诀。在植物学上，菩提树树形、叶形俱美。是岭南栽培植物的佼佼者。

高 10—20 米，植物体无毛。叶近革质，三角状卵形，长 9—17 厘米，宽 6.5—13 厘米，先端骤尖，延长成披针状条形之尾，尾约占叶片长的 1/4—1/3，全缘；叶柄长 7—12 厘米。花序托扁球形，无梗，成对腋生，直径约 10 毫米；基生苞片 3—4，圆卵形；雄花、瘿花和雌花同生于一花序托中；雄花花被片 3，雄蕊 1；雌花花被片 5，披针形，花柱侧生；瘿花似雌花，但子房具粗而长的柄，柱头不为长圆形。叶含单宁。树脂可制硬性树胶。树皮之汁及花供药用。

中国广东、广西、云南、台湾多有栽培。日本、马来西亚、泰国、越南、不丹、尼泊尔、巴基斯坦及印度也有分布。喜马拉雅山区，从巴基斯坦拉瓦尔品第至不丹均有野生。

植
物

蒲葵

Livistona chinensis (Jacq.) R. Br. ex Mart.

　　蒲葵，棕榈科，蒲葵属。乔木。俗称扇叶葵。其叶形似蒲扇，因而得名蒲葵。产于中国台湾、福建、广东、香港、海南、广西及云南南部。越南及日本有分布。

　　著名的庭园观赏植物，南方各地普遍栽培。嫩叶可制葵扇，老叶制蓑衣，叶裂片中脉可制牙签。果可药用，治癌肿、白血病，根可治哮喘，

叶治功能性子宫出血。

蒲葵高达 20 米。叶宽肾状扇形，径达 1 米以上，掌状深裂至中部，裂片线状披针形，宽 1.8—2 厘米，2 深裂，长达 50 厘米，先端裂成 2 丝状下垂小裂片，两面绿色；叶柄长 1—2 米，下部两侧有下弯黄绿或淡褐色短刺。肉穗圆锥花序，长 1 米余，腋生，约 6 个分枝花序，总梗具 6—7 佛焰苞，佛焰苞棕色，管状，坚硬；分枝花序长 10—20 厘米。花小，两性，黄绿色，长约 2 毫米；花萼裂至基部成 3 个宽三角形裂片，裂片覆瓦状排列；花冠 2 倍长于花萼，几裂至基部；雄蕊 6，花丝合生成环。核果椭圆形，长 1.8—2.2 厘米，径 1—1.2 厘米，黑褐色。种子椭圆形，长 1.5 厘米。花果期 4 月。

蒲桃

Syzygium jambos (L.) Alston

　　蒲桃，桃金娘科，蒲桃属。俗称广东葡桃、水蒲桃、响铃、响鼓。产于中国福建、台湾、广东、香港、海南、广西、贵州及云南，常生于低海拔河谷湿地。东南亚地区亦有分布和栽培。

　　花形、树形、果味俱佳，可作园林绿化树。果为热带水果之一。根皮、叶、果有凉血、消肿、杀虫、收敛的功能。

　　蒲桃高达 10 米，主干短，多分枝。幼枝圆柱形。叶披针形或长圆形，长 12—25 厘米，先端长渐尖，基部宽楔形，两面有透明腺点，侧

脉 12—16 对，下面明显，脉间相距 0.7—1 厘米，离边缘 2 毫米处相结成边缘，网脉明显；叶柄长 6—8 毫米。聚伞花序顶生，有花数朵，花序梗长 1—1.5 厘米。花梗长 1—2 厘米；花蕾梨形，顶端圆；花绿白色，径 3—4 厘米；萼筒倒锥形，长 0.8—1 厘米，萼齿 4，肉质，半圆形，宽 8—9 毫米，宿存；花瓣 4，分离，倒卵形；长 1.4 厘米；雄蕊长 2—2.8 厘米，花药椭圆形，长 1.5 毫米；花柱与雄蕊等长。果球形，径 3—5 厘米，果皮肉质，成熟时黄色，有腺点。种子 1—2，多胚。花期 3—4 月，果期 5—6 月。

植
物

九里香

Murraya exotica L.

　　九里香，芸香科，九里香属。小乔木或灌木。著名的庭园植物。南方常用作绿篱及盆景。别称众多，如十里香、月橘、青木香、四季青、黄金桂、过山香、九树香、九秋香、万里香、七里香、石桂树、千里香。原产于中国。中国台湾、福建、广东、海南、广西、云南及贵州有栽培。生于海岸附近平地、缓坡、小丘灌木丛中。

　　九里香，高达8米。奇数羽状复叶，小叶3—5—7，倒卵形或倒卵状椭圆形，长1—6厘米，先端圆钝或钝尖，有时微凹，基部楔形，全缘；小叶柄甚短。花序伞房状或圆锥状聚伞花序，顶生，或兼有腋生，花白色，芳香；萼片卵形，长约1.5毫米；花瓣5，长椭圆形，长1—1.5厘米，花时反折；雄蕊10，较花瓣稍短，花丝白色；花柱及子房均淡绿色，柱头黄色。果橙黄至朱红色，宽卵形或椭圆形，顶部短尖，稍歪斜，有时球形，长0.8—1.2厘米，径0.6—1厘米，果肉含胶液。种子被棉毛。花期4—8月，果期9—12月。

三裂叶薯

Ipomoea triloba L.

三裂叶薯，旋花科，番薯属。俗称小花假番薯、红花野牵牛。一年生草本。原产于热带美洲。生丘陵路旁、荒草地或田野。本种现已成为热带地区的常见杂草。

三裂叶薯对北方人而言，貌似熟悉，其实陌生，很容易被误认为圆叶牵牛。一个比较容易的识别办法是看果实。三裂叶薯蒴果近球形，4瓣裂；圆叶牵牛，蒴果也近球形，但比三裂叶薯稍大，3瓣裂。

三裂叶薯，茎缠绕或平卧，无毛或茎节疏被柔毛。叶宽卵形或卵圆形，长2.5—7厘米，基部心形，全缘，具粗齿或3裂，无毛或疏被柔毛；叶柄长2.5—6厘米。伞形聚伞花序，具1至数花，花序梗长2.5—5.5厘米，无毛；花梗长5—7毫米，无毛，被小瘤；苞片小；萼片长5—8毫米，长圆形，具小尖头，疏被柔毛，具缘毛；花冠淡红或淡紫色，漏斗状，长约1.5厘米，无毛；雄蕊内藏；子房被毛。蒴果近球形，径5—6毫米，被细刚毛，2室，4瓣裂。

大琴叶榕

Ficus lyrata Warb.

　　大琴叶榕，桑科，榕属。常绿乔木或灌木。俗称琴叶橡皮树。常绿乔木植物。大琴叶榕因其叶片大，形如提琴，轮廓优美，故此得名。原产于非洲热带地区。中国南方广泛栽培。

　　树形自然，质感粗糙，新叶亮绿挺拔，老叶深绿开展，叶形奇特，引人注目，是优良的观叶植物。在华南常栽培观赏，作庭园树、行道树，也是理想的室内盆栽观叶植物。长江流域及其以北地区可作大型盆栽，用于装饰会场或办公室；花木市场上之"琴叶榕"多为本种。

　　琴叶榕高度可达12米，茎干直立，分枝少（摘心处理可分叉）。树干呈非常暗的褐色、灰色和黑色，表面具有很深的竖直裂缝。叶互生，纸质，很硬，呈提琴状；叶长可达40—50厘米，宽20—30厘米，呈有光泽的浅绿或深绿色，叶缘稍呈波浪状，有光泽，叶柄及背有灰白色茸毛，叶面上有明显的叶脉，特别是在下表面，叶稍脆；托叶褐色；无花果长于叶腋处，单个或成对结出，成熟时绿褐色，表面有白色的斑点，直径约为3—5厘米。

植
物

秋枫

Bischofia javanica Blume

　　秋枫，大戟科，秋枫属。常绿或半常绿大乔木。俗称万年青树、赤木、茄冬、加冬、秋风子、木梁木、加当。产于中国陕西、江苏、安徽、浙江、江西、福建、台湾、河南、湖北、湖南、广东、海南、广西、四川、贵州、云南等地。常生于海拔800米以下山地潮湿沟谷林中或平原栽培，尤以河边堤岸或行道树为多。

　　幼树稍耐阴，喜水湿环境，为热带和亚热带常绿季雨林中的主要树种。在土层深厚、湿润肥沃的砂质壤土生长特别良好。分布于印度、缅甸、泰国、老挝、柬埔寨、越南、马来西亚、印度尼西亚、菲律宾、日本、澳大利亚及波利尼西亚等地。模式标本采自印度尼西亚爪哇。

　　木材红褐色，心材与边材区别不甚

明显。结构细，质重、坚韧耐用、耐腐、耐水湿，可供建筑、桥梁、车辆、造船、矿柱、枕木等用途。果肉可酿酒。种子含油量30%—54%，供食用，也可作润滑油。树皮可提取红色染料。叶可作绿肥，也可治无名肿毒。根有祛风消肿作用，主治风湿骨痛、痢疾等。

树高达40米，胸径2.3米。三出复叶，总柄长8—20厘米；小叶卵形、椭圆形、倒卵形或椭圆状卵形，长7—15厘米，先端尖或短尾尖，基部宽楔形，边缘每1厘米有2—3细齿，幼时叶脉疏被柔毛，老渐无毛。顶生小叶柄长2—5厘米，侧生小叶柄长0.5—2厘米，托叶膜质，披针形。花雌雄异株，圆锥花序腋生，雄花序长8—13厘米；雌花序长15—27厘米，下垂。雄花萼片膜质，半圆形，雄蕊5，退化雌蕊小，被柔毛；雌花萼片长圆状卵形。果浆果状，球形或近球形，径0.6—1.3厘米，淡褐色。花期4—5月，果期8—10月。

379

榕树

Ficus microcarpa L. f.

　　榕树，桑科，榕属。乔木。俗称赤榕、红榕、万年青、细叶榕、厚叶榕树。产于中国台湾、福建、广东、海南、香港、广西、贵州及云南，生于海拔1900米以下的山区及平原。斯里兰卡、印度、缅甸、泰国、越南、马来西亚、菲律宾、琉球群岛、日本九州、巴布亚新几内亚及澳大利亚北部有分布。树皮纤维可制渔网及人造棉。气根、树皮及叶芽可作清热药。树皮可提取栲胶。是优美的行道树、庭园树。

　　榕树高达 25 米。树冠广展，老树常具锈褐色气根。叶薄革质，窄椭圆形，长 4—8 厘米，先端钝尖，基部楔形，全缘，细脉不明显，侧脉 3—10 对，成钝角展开；叶柄长 0.5—1 厘米，无毛，托叶披针形，长约 8 毫米。果成对腋生或生于落叶枝叶腋，熟时黄或微红色，扁球形，径 6—8 毫米，无果柄，基生苞片 3，宽卵形，宿存。雄花、雌花、瘿花同生于一榕果内，花间具有少数刚毛；雄花散生内壁，花丝与花药等长；雌花似瘿花，花被片 3，宽卵形，花柱近侧生，柱头棒形。瘦果卵圆形。花期 5—6 月。

植
物

叶子花

Bougainvillea spectabilis Willd.

叶子花，紫茉莉科，叶子花属。藤状灌木。俗称宝巾、簕杜鹃、三角梅、三角花、九重葛、毛宝巾。因其花瓣（其实是花苞片）呈三角形而有"三角梅"之名，与梅花没有什么瓜葛。原产于热带美洲。中国南方栽培供观赏。可扦插繁殖。是优质的庭园观赏植物。

19世纪末，叶子花进入中国。1871年，一个来自加拿大的牧师乔治·莱斯里·马偕（George Leslie Mackay）来到香港，经由广东到台湾传教。马偕从英国订购了不少苗木花卉进行栽培，其中就有叶子花。这是最早叶子花进入中国的记录。

叶子花属植物主要观赏部位并不是花，而是苞片。因其形状像叶片，并且色彩多变，花朵繁茂，犹如花的海洋。尤其是在其花期绽放时，成千上万朵同时开放，灿若朝霞，美不胜收。攀援

在高大物体上的三角梅，犹如花的瀑布，飞溅而下，蔚为壮观，因而叶子花是世界上最为著名的观赏花卉之一。

叶子花枝、叶密生柔毛，刺腋生、下弯。叶片椭圆形或卵形，基部圆形，有柄。花序腋生或顶生；苞片椭圆状卵形，基部圆形至心形，长2.5—6.5厘米，宽1.5—4厘米，暗红色或淡紫红色；花被管狭筒形，长1.6—2.4厘米，绿色，密被柔毛，顶端5—6裂，裂片开展，黄色，长3.5—5毫米；雄蕊通常8；子房具柄。果实长1—1.5厘米，密生毛。花期冬春间。

植
物

散尾棕

Arenga engleri Becc.

　　散尾棕，棕榈科，桃榔属。别称山棕、香棕、鱼骨葵、香桃榔。丛生灌木。原产于中国台湾。中国福建、广西、广东和云南均有栽培。散尾棕的果实是山中哺乳类野生动物的食物。嫩心可以食用。叶柄可榨汁熬糖。是热带亚热带优质的庭园观赏植物。

　　散尾棕高 2—3 米。叶羽状全裂，长 2—3 米，羽片互生，长 30—55 厘米，宽 2—3 厘米，基部羽片较窄短，上部的较宽短，线形，基部窄，侧有耳垂，顶部具细齿，中部以上边缘具啮蚀状齿，顶部羽片先端宽，具啮蚀状齿，上面深绿色，下面灰绿色；叶柄基部上面具凹槽，下面凸圆，余近半圆柱形，叶轴三棱形，与叶柄均被黑色鳞秕，叶鞘为黑色网状纤维。花序生于叶间，长30—50厘米，分枝多，长约30厘米，螺旋状排列于花序轴上。花雌雄同株；雄花长约1.5厘米，黄色，有香气，萼片3，覆瓦状排列成杯状，花瓣3，长椭圆形，长1.5厘米，雄蕊约40枚，无芒尖；雌花近球形，花萼近圆形，花瓣三角形，长约6毫米，宽约5毫米。果近球形，钝三棱，成熟时红色，长约1.7厘米，径约1.8厘米。种子3，通常1种子发育不全，黑褐色，钝三棱状，长约1厘米，宽约0.8厘米，厚约0.6厘米，胚乳均匀，胚背生。

385

桑

Morus alba L.

    桑，桑科，桑属。俗称桑树、家桑、蚕桑。乔木或灌木。原产于中国。约有 4000 年的栽培历史。全国各地栽培。朝鲜、日本、蒙古国、中亚各国、俄罗斯、欧洲等地以及印度、越南亦均有栽培。

    桑叶饲蚕，多栽培品种，有湖桑、鲁桑等。木材黄色，坚韧，供家具、雕刻、细木工等用。枝条强韧，可作造纸原料。果可食及酿酒。枝、叶、果可入药，清肺热、祛风湿、补肝肾。陶渊明《归园田居·其二》载：

野外罕人事，穷巷寡轮鞅。白
日掩荆扉，虚室绝尘想。时
复墟曲中，披草共来往。
相见无杂言，但道桑麻
长。桑麻日已长，我
土日已广。常恐霜
霰至，零落同草莽。

诗人用质朴无华的语言、悠然自在的语调，叙述了乡居生活的日常片段，让读者在其中领略乡村的幽静以及心境的恬静。全诗流荡着一种古朴淳厚的情味，诗人在这里描绘的正是一个宁静谐美的理想天地。可见古代诗人的情趣与生活理想。

树高达 15 米，胸径 50 厘米。叶卵形或宽卵形，长 5—15 厘米，先端尖或渐短尖，基部圆或微心形，锯齿粗钝，有时缺裂，上面无毛，下面脉腋具簇生毛；叶柄长 1.5—5.5 厘米，被柔毛。花雌雄异株，雄花序下垂，长 2—3.5 厘米，密被白色柔毛，雄花花被椭圆形，淡绿色；雌花序长 1—2 厘米，被毛，花序梗长 0.5—1 厘米，被柔毛，雌花无梗，花被倒卵形，外面边缘被毛，包围子房，无花柱，柱头 2 裂，内侧具乳头状突起。聚花果卵状椭圆形，长 1—2.5 厘米，红色至暗紫色。花期 4—5 月，果期 5—7 月。

植物

山茶

Camellia japonica L.

山茶，山茶科，山茶属。俗称洋茶、茶花、晚山茶、耐冬、山椿、薮春、曼陀罗、野山茶。灌木或小乔木。因其叶片似茶，故得名山茶，明代李时珍亦云："其叶类茗，又可作饮，故得茶名。"

原产于中国。广泛分布于东西两半球的热带和亚热带。山茶性喜温暖、湿润的环境，有一定的耐寒能力，喜肥沃、疏松的微酸性土壤。繁殖方式为扦插和靠接法。山茶适合种植在有一定高度、偏南坡的山区，这样的地形雨量比较充沛，适合种植生长，对发育有利，由于适宜种植的地域广阔，山茶具有较大的生态价值和经济价值。

山茶在药用价值上亦高，有收敛、止血、凉血、调胃、理气、散瘀、消肿等疗效。在采花加工时，应注意在春分至谷雨时期，待花朵含苞待放时采摘，晒干或烘干，在干燥过程中，要少翻动，以免破碎散瓣，干后用纸包封严，置干燥通风处备用，以防受潮、发霉和生虫。山茶干花以干燥、色红、不霉、花蕾长大尚在含苞状态者为佳，至于叶、根可全年采用，子成熟后采摘。

山茶，高至15米。叶倒卵形或椭圆形，长5—10.5厘米，宽2.5—6厘米，短钝渐尖，基部楔形，有细锯齿，叶干后带黄色；叶柄长8—15毫米。花单生或对生于叶腋或枝顶，大红色，花瓣5—6个，栽培品种有白、淡红等色，且多重瓣，顶端有凹缺；花丝无毛；子房无毛，花柱顶端3裂。蒴果近球形，直径2.2—3.2厘米。

植
物

山小橘

Glycosmis pentaphylla (Retz.) Corrêa

　　山小橘，芸香科，山小橘属。小乔木。分布于中国广东、香港、海南、台湾、福建、广西、云南、贵州等地。越南也有分布。生长于丘陵、坡地、疏林或灌木丛中。

　　山小橘具有祛风解表、止咳化痰、行气消积等功效，主治恶寒发热、消化不良、胃脘胀痛、疝气痛、风湿关节痛、跌打擦肿、毒蛇咬伤、冻疮等。具有较高的食用价值。可直接生食，也可加工成果酱、果脯等。

　　山小橘高达 5 米。新梢淡绿色，略呈两侧压扁状。叶有小叶 5 片，有时 3 片，小叶柄长 2—10 毫米；小叶长圆形，稀卵状椭圆形，长 10—

25厘米，宽3—7厘米，顶部钝尖或短渐尖，基部短尖至阔楔形，硬纸质，叶缘有疏离而裂的锯齿状裂齿，中脉在叶面至下半段明显凹陷呈细沟状，侧脉每边12—22条；花序轴、小叶柄及花萼裂片初时被褐锈色微柔毛。圆锥花序腋生及顶生，位于枝顶部的通常长10厘米以上，位于枝下部叶腋抽出的长2—5厘米，多花，花蕾圆球形；萼裂片阔卵形，长不及1毫米；花瓣早落，长3—4毫米，白或淡黄色，油点多，花蕾期在背面被锈色微柔毛；雄蕊10枚，近等长，花丝上部最宽，顶部突狭尖，向基部逐渐狭窄，药隔背面中部及顶部均有1油点；子房圆球形或有时阔卵形，花柱极短，柱头稍增粗，子房的油点干后明显凸起。果近圆球形，径8—10毫米，果皮多油点，淡红色。花期7—10月，果期次年1—3月。

薯蓣

Dioscorea polystachya Turcz.

　　薯蓣，薯蓣科，薯蓣属。缠绕草质藤本。俗称山药、淮山、面山药、野脚板薯、野山豆、野山药。原产于中国，东北、河北、山东、河南、安徽淮河以南、陕西南部、江西、福建、台湾、湖北、湖南、广西北部、贵州、四川、江苏、浙江、甘肃东部有栽培。朝鲜、日本有分布。生于海拔500—1500米的山坡、山谷林下，溪边、路旁的灌丛中或杂草中。

　　块茎为常用中药"淮山药"，有强壮、祛痰的功效，又能食用。药食同源的佳品。

薯蓣的块茎为长圆柱形，垂直生长，长可达 1 米多，断面干时白色。茎通常带紫红色，右旋，无毛。单叶，在茎下部的互生，中部以上的对生，很少 3 叶轮生；叶片变异大，卵状三角形至宽卵形或戟形，长 3—9（—16）厘米，宽 2—7（—14）厘米，顶端渐尖，基部深心形、宽心形或近截形，边缘常 3 浅裂至 3 深裂，中裂片卵状椭圆形至披针形，侧裂片耳状，圆形、近方形至长圆形；幼苗时一般叶片为宽卵形或卵圆形，基部深心形。叶腋内常有珠芽。雌雄异株。雄花序为穗状花序，长 2—8 厘米，近直立，2—8 个着生于叶腋，偶尔呈圆锥状排列；花序轴明显地呈"之"字状曲折；苞片和花被片有紫褐色斑点；雄花的外轮花被片为宽卵形，内轮卵形，较小；雄蕊 6。雌花序为穗状花序，1—3 个着生于叶腋。蒴果不反折，三棱状扁圆形或三棱状圆形，长 1.2—2 厘米，宽 1.5—3 厘米，外面有白粉。种子着生于每室中轴中部，四周有膜质翅。花期 6—9 月，果期 7—11 月。

植
物

水茄

Solanum torvum Sw.

水茄，茄科，茄属。俗称刺番茄、天茄子、木哈蒿、乌凉、青茄、西好、刺茄、野茄子、金衫扣、山颠茄。小灌木。产于中国福建、台湾、广东、海南、香港、广西、贵州、云南及西藏，生于海拔 200—2000 米荒地、灌丛中、沟谷潮湿地方。原产于加勒比海。分布于印度、缅甸、泰国、菲律宾、马来西亚及热带美洲亦有分布。

水茄干燥的根与茎具有药用功效。《广西药用植物名录》提到水茄可散血、止痛，治咳血、牙痛和无名肿毒。《常用中草药手册》上记有水茄具散瘀，消肿，止痛，治跌打瘀痛、腰肌劳损和胃痛的功效。《贵州民间药物》记录其有清暑、止咳、补虚的功效，治痧症、劳弱虚损、久咳，果可明目，叶可治疮毒。

高达 2—3 米。小枝、叶、叶柄、花序梗、花梗、花萼、花冠裂片均被星状毛，或

兼有腺毛。小枝疏具基部扁的皮刺，皮刺长 0.3—1 厘米，尖端稍弯。叶单生或双生，卵形或椭圆形，长 6—16（—19）厘米，先端尖，基部心形或楔形，两侧不等，半裂或波状，裂片长 5—7，下面中脉少刺或无刺，侧脉 3—5 对，有刺或无刺；叶柄长 2—4 厘米，具 1—2 刺或无刺。总状圆锥花序腋外生，1—2 歧，花序梗长 1—1.8 厘米，具 1 刺或无刺。花梗长 0.5—1.2 厘米；花萼杯状，长 4—5 毫米，裂片卵状长圆形，长 2—3 毫米；花冠辐形，白色，径约 1.5 厘米，冠筒长约 1.5 毫米，冠檐径约 1.5 厘米，裂片卵状披针形，长 0.8—1 厘米；花丝长约 1 毫米，花药长 7 毫米；柱头平截。浆果球形，黄色，无毛，径 1—1.5 厘米；果柄长约 1.5 厘米。种子盘状，径 1.5—2 毫米。花果期全年。

植
物

水莎草

Cyperus serotinus Rottb.

　　水莎草，莎草科，水莎草属。多年生草本。广布于中国东北各省、内蒙古、甘肃、新疆、陕西、山西、山东、河北、河南、江苏、安徽、湖北、浙江、江西、福建、广东、台湾、贵州、云南。多生长于浅水中、水边沙土上，有时亦见于路旁。朝鲜、日本、喜马拉雅山西北部以及欧洲中部、地中海地区亦有分布。

　　根状茎长。秆高 35—100 厘米，粗壮，扁三棱形，平滑。叶片少，短于秆或有时长于秆，宽 3—10 毫米，平滑，基部折合，上面平张，背面中肋呈龙骨状突起。苞片常 3 枚，少 4 枚，叶状，较花序长一倍多，最宽至 8 毫米；复出长侧枝聚伞花序具 4—7 个第一次辐射枝；辐射枝向外展开，长短不等，最长达 16 厘米。每一辐射枝上具 1—3 个穗状花序，每一穗状花序具 5—17 个小穗；花序轴被疏短硬毛；小穗排列稍松，近于平展，披针形或线状披针形，长 8—20 毫米，宽约 3 毫米，具 10—34 朵花；小穗轴具白色透明的翅；鳞片初期排列紧密，后期较松，纸质，宽卵形，顶端钝或圆，有时微缺，长 2.5 毫米，背面中肋绿色，两侧红褐色或暗红褐色，边缘黄白色透明，具 5—7 条脉；雄蕊 3，花药线形，药隔暗红色；花柱很短，柱头 2，细长，具暗红色斑纹。小坚果椭圆形或倒卵形，平凸状，长约为鳞片的 4/5，棕色，稍有光泽，具突起的细点。花果期 7—10 月。

睡莲

Nymphaea tetragona Georgi

　　睡莲，多年生水生草本植物。睡莲科，睡莲属。其花色丰富、清香远溢、姿态优美，被称为"水中女神"。睡莲是一种感光植物，它会因为光照时而开放时而闭合，故又有"睡美人"的称号。中国北至东北地区，南至云南，西至新疆皆有分布。朝鲜、日本、印度、俄罗斯、北美洲也有。生于池沼中。根状茎可食用或酿酒，又可入药。

　　睡莲是重要的园艺观赏植物，睡莲花色繁多、花期较长，在水体应用中的景观优势十分突出，并且易栽培，对水深的适应范围广，从十几厘米到一米多深都可种植，容易管理，不会泛滥，抗逆性强，基本不需要后期维护，所以常用于公园、庭园等水面装饰。一些小型品种也可用于家庭盆栽。除此之外，睡莲是被子植物的重要基部类群（原始被子植物），在进化上具有独特的地位，也是研究被子植物起源与演化的重要材料。

　　睡莲根状茎短粗，直立。叶漂浮，心脏状卵形或卵状椭圆形，长5—

12厘米，宽3.5—9厘米，基部具深弯缺，上面光亮，下面带红色或紫色，无毛；叶柄细长。花单生在花梗顶端，直径3—5厘米，漂浮于水面；萼片4；花瓣8—15，白色；雄蕊较花瓣短，花药内向；子房半下位,5—8室，柱头5—8，放射状排列。浆果球形，直径2—2.5厘米，为宿存萼片包裹。种子多数，椭圆形，有肉质囊状假种皮。

苏铁

Cycas revoluta Thunb.

　　苏铁，苏铁科，苏铁属。俗称避火蕉、凤尾草、凤尾松、凤尾蕉、辟火蕉、铁树、美叶苏铁。常绿树。苏铁最初名铁树。因为这种植物木质坚硬如铁，入水即沉，故名铁树。

　　产于中国福建、台湾、广东，各地常有栽培。并且在福建、广东、广西、江西、云南、贵州及四川东部等地庭园多有栽植，江苏、浙江及华北地区多采用盆栽形式，冬季置于温室越冬。日本南部、菲律宾和印度尼西亚也有分布。苏铁喜暖热湿润的环境，不耐寒冷，生长甚慢，寿命约200年。在我国南方热带及亚热带南部树龄10年以上的树木几乎每年开花结实，而长江流域及北方各地栽培的苏铁常终生不开花，或偶尔开花结实。模式标本采自日本。

　　苏铁这个名称，是我国著名树木分类学家陈嵘1923年在《中国树木志略》中首先采用。自此以后，苏铁在我国被广泛用作中文正名。苏铁树形美观，酷似棕榈，其树干直立苍劲，叶像凤凰的羽毛般美丽。

　　苏铁自古以来深受中国人喜爱，是树形优美的观赏树种，南北栽培极为普遍。生长缓慢，植株强壮，繁殖方式多为分蘖（niè）繁殖、树干切移繁殖和播种繁殖。前两种繁殖即为使用树干或者茎体进行繁殖，后一种则是使用种子进行繁殖。茎内含淀粉，可供食用。种子含油和丰富的淀粉，微有毒，供食用和药用，有治痢疾、止咳和止血之效。

不分枝，高1—4（—20）米，密被宿存的叶基和叶痕。羽状叶长0.5—2米，基部两侧有刺；羽片达100对以上，条形，质坚硬，长9—18厘米，宽4—6毫米，先端锐尖，边缘向下卷曲，深绿色，有光泽，下面有毛或无毛。雄球花圆柱形，长30—70厘米，直径10—15厘米；小孢子叶长方状楔形，长3—7厘米，上端宽1.7—2.5厘米，有急尖头，有黄褐色绒毛；大孢子叶扁平，长14—22厘米，密生黄褐色长绒毛，上部顶片宽卵形，羽状分裂，其下方两侧着生数枚近球形的胚珠。种子卵圆形，微扁，顶凹，长2—4厘米，熟时朱红色。

植
物

梭鱼草

Pontederia cordata

　　梭鱼草，雨久花科，梭鱼草属。俗称海寿花。多年生挺水草本植物。原产于北美。因梭鱼的幼鱼常常藏匿在梭鱼草密生的叶丛中，故名梭鱼草。

　　梭鱼草花色淡雅，叶形优美，是水塘观花植物的有趣品类。株高20—80厘米；基生叶广卵圆状心形，顶端急尖或渐尖，基部心形，全缘。由10余朵花组成总状花序，顶生，花蓝色。蒴果。花果期7—10月。

　　喜温暖，喜阳光，喜湿，耐热，耐寒，耐瘠；不择土壤；生长适温18℃—28℃；梭鱼草花色清幽，应用极广，适合公园、绿地的湖泊、池塘、小溪的浅水处绿化，也可用于人工湿地、河流两岸栽培观赏，常与其他水生植物如花叶芦竹、水葱、香蒲等配置。

田菁

Sesbania cannabina (Retz.) Pers.

　　田菁，豆科，田菁属。俗称向天蜈蚣。小灌木。古人视之为田地间的精华，故名田菁。分布于中国江苏、浙江、福建、台湾、广东，在东半球热带其他地区也有分布。华北地区也有栽培。生于田间、路旁或潮湿地。耐潮湿和盐碱。纤维可代麻，茎叶作绿肥及牛马饲料。

　　田菁药食同源。根和叶可入药，种子营养丰富，可供食用。田菁入药的较早记载可见于《泉州本草》："治糖尿病：向天蜈蚣鲜根五钱至一两，淮山药一两，猪小肚一个。水煎，饭前服。"田菁也是优质的蜜源植物。

　　高约1米。无刺。羽状复叶；小叶20—60枚，条状矩圆形，长12—14毫米，宽2.5—3毫米，先端钝有细尖，基部圆形，两面密生褐色小腺点，幼时有绒毛，后仅下面多少有毛。花长约1—1.5厘米，2—6朵排成腋生疏松的总状花序；花萼钟状，无毛，萼齿近三角形；花冠黄色，旗瓣扁圆形，长稍短于宽，有紫斑或无。荚果圆柱状条形，长15—18厘米，直径2—3毫米。种子多数，矩圆形，直径约1.5毫米，黑褐色。

植
物

甜瓜

Cucumis melo L.

甜瓜，葫芦科，黄瓜属。俗称小马泡、华莱士瓜、白兰瓜、哈密瓜、香瓜、马包。一年生匍匐或攀援草本。原产于中国。果实为盛夏的重要水果。全草药用，有清热解毒、催吐、除湿、退黄疸等功效。《诗经》等古籍多有记载，发掘材料如马王堆女尸胃中已见。贾思勰《齐民要术》

称之为小瓜，以别于古已有之冬瓜（大瓜）。因本种栽培悠久，品种繁多，果实形状、色泽、大小和味道也因品种而异，园艺上分为数十个品系，例如普通香瓜、哈密瓜、白兰瓜等均属不同的品系。

甜瓜卷须单一；叶柄长 8—12 厘米；叶近圆形或肾形，长、宽均 8—15 厘米，上面被白色糙硬毛，下面沿脉密被糙硬毛，不裂或 3—7 浅裂。花单性，雌雄同株；雄花数朵簇生叶腋；花梗纤细，长 0.5—2 厘米；萼筒窄钟形，密被白色长柔毛，长 6—8 毫米，裂片近钻形，

比筒部短；花冠黄色，长2厘米，裂片卵状长圆形；雄蕊3，花丝极短，药室折曲，药隔顶端伸长。雌花单生；花梗粗糙，被柔毛；子房密被长柔毛和长糙硬毛。果形、颜色因品种而异，通常长圆形或长椭圆形，果皮平滑，有纵沟纹或斑纹，无刺状突起，果肉白、黄或绿色，有香甜味。种子污白或黄白色，卵形或长圆形。花果期夏季。

植
物

铁冬青

Ilex rotunda Thunb.

　　铁冬青，冬青科，冬青属。别称救必应、熊胆木、白银香、白银木、过山风、红熊胆、羊不食、消癀药。小乔木。原产于中国，分布于长江以南地区。朝鲜、日本和越南亦有分布。铁冬青的叶和树皮可药用，《岭南采药录》和后来的《中国药典》均有记载。

　　铁冬青为亚热带常绿树种。枝叶茂密，树形优雅，小果繁多，精致艳丽。尤其挂果时间长是其一大优点。耐阴、耐修剪。作为行道树、绿篱、盆景栽培，也是优选树种。作为木材，材质细致，白且有香，可作为细木工和雕刻用材。

　　常绿乔木，高 5—15 米；树皮淡灰色；小枝红褐色，光滑无毛。叶薄革质或纸质，椭圆形、卵形或倒卵形，长 4—10 厘米，宽 1.5—4 厘米，全缘，上面有光泽；叶柄长 1—2 厘米。花白色，雌雄异株，通常 4—6（—13）花排成聚伞花序，着生叶腋处，雄花 4，雌花 5—7。果球形，长 6—8 毫米，熟时红色；分核 5—7 颗，背部有 3 条纹和 2 浅槽，内果皮近木质。

植
物

铁苋菜

Acalypha australis L.

铁苋菜，大戟科，铁苋菜属。俗称蛤蜊花、海蚌含珠、蚌壳草。铁苋菜因其茎叶赤紫似铁，故名。一年生草本。除内蒙古、新疆、青海及西藏外，产于中国南北各地。多生于海拔1900米以下平原、山坡耕地、空旷草地或疏林下。俄罗斯远东地区、朝鲜、韩国、日本、菲律宾、越南、老挝也有分布。

可食用。铁苋菜中含有比牛奶更能充分被人体吸收的蛋白质，胡萝卜素含量也很高，铁和钙的含量远高于菠菜，可为人体提供丰富的营养物质，有利于强身健体，提高机体的免疫力，故有"长寿菜"之称。亦可药用。具有清热解毒、利湿、收敛止血的功效。用于治疗肠

炎、痢疾、吐血、衄血、便血、尿血、崩漏，外治痈疖疮疡、皮炎湿疹。

铁苋菜小枝被平伏柔毛。叶长卵形、近菱状卵形或宽披针形，长3—9厘米，先端短渐尖，基部楔形，具圆齿，基脉3出，侧脉3—4对；叶柄长2—6厘米，被柔毛，托叶披针形，具柔毛。花序长1.5—5厘米，雄花集成穗状或头状，生于花序上部，下部具雌花；雌花苞片1—2（—4），卵状心形，长1.5—2.5厘米，具齿；雄花花萼无毛；雌花1—3朵生于苞腋；萼片3，长1毫米；花柱长约2毫米，撕裂。蒴果绿色，径4毫米，疏生毛和小瘤体。种子卵形，长1.5—2毫米，光滑，假种阜细长。花果期4—12月。

植
物

土蜜树

Bridelia tomentosa Blume

土蜜树，叶下珠科，土蜜树属。俗称猪牙木、夹骨木、逼迫子、逼迫仔。灌木或小乔木。产于中国福建、台湾、广东、香港、海南、广西、贵州及云南，生于海拔100—1500米的山地疏林中或平原灌木林中。亚洲东南部至澳大利亚亦有分布。可供药用。叶片可用于治疗外伤出血、跌打损伤。根部可用于治疗感冒、神经衰弱、月经不调。树皮含鞣质，可提取树胶。

土蜜树除幼枝、叶下面、叶柄、托叶和雌花萼片外面被柔毛外，其余部分均无毛。叶纸质，长圆形、长椭圆形或倒卵状长圆形，长3—9厘米，侧脉9—12对；叶柄长3—5毫米，托叶线状披针形。花簇生于叶腋。雄花花梗极短；萼片三角形，长约1.2毫米；花瓣倒卵形，顶端3—5齿裂；花丝下部与退化雌蕊贴生；花盘浅杯状；雌花几无花梗，萼片三角形，长和宽约1毫米；花瓣倒卵形或匙形。核果近球形，径4—7毫米，2室。种子褐红色。花果期几近全年。

植
物

菟丝子

Cuscuta chinensis Lam.

    菟丝子，旋花科，菟丝子属。俗称朱匣琼瓦、禅真、雷真子、无娘藤、无根藤、无叶藤、黄丝藤、金丝藤、无根草、山麻子、豆阎王、龙须子、豆寄生、黄丝、日本菟丝子。一年生寄生草本。

    广布于中国黑龙江、吉林、辽宁、河北、山西、陕西、宁夏、甘肃、内蒙古、新疆、山东、江苏、安徽、河南、浙江、福建、四川、云南、广东等地。伊朗、阿富汗，向东至日本、朝鲜，南至斯里兰卡、澳大利亚，西至非洲等地亦有分布。生于海拔 200—3000 米的田边、山坡向阳处、路边灌丛或海边沙丘，通常寄生于豆科、菊科、蒺藜科等多种

植物上。

菟丝子干燥成熟的种子入药。早在《神农本草经》中就有记载，其具有主续绝伤、补不足、益气力、久服明目、轻身延年等功效，还可治小便过多或失禁、补肾益精、养肝明目。同时能增强免疫、改善血液。

菟丝子茎细，缠绕，黄色，无叶。花多数，簇生，花梗粗壮；苞片2，有小苞片；花萼杯状，长约2毫米，5裂，裂片卵圆形或矩圆形；花冠白色，壶状或钟状，长为花萼的2倍，顶端5裂，裂片向外反曲；雄蕊5，花丝短，与花冠裂片互生；鳞片5，近矩圆形，边缘流苏状；子房2室，花柱2，直立，柱头头状，宿存。蒴果近球形，稍扁，成熟时被花冠全部包住，长约3毫米。种子2—4个，淡褐色，表面粗糙，长约1毫米。

植
物

微甘菊

Mikania micrantha Kunth

微甘菊，菊科，假泽兰属。别名小花蔓泽兰、小花假泽兰。多年生草质或木质藤本。原产于中美洲和南美洲。1884年，微甘菊作为观赏植物被香港地区的动植物公园引种，当时人们没有考虑到它的扩散速度，到了20世纪五六十年代开始迅速蔓延。受自然因素（风）和人为因素（现代交通、国际交往）的影响，微甘菊于20世纪80年代初传入内地。

微甘菊生长迅速，通过攀援缠绕并覆盖附生植物，对森林和农田土地造成巨大影响。由于微甘菊生长快速，茎节随时可以生根并繁殖，快速覆盖生境，且有丰富的种子，通过竞争或他感作用抑制自然植被和作物的生长。尤其对乔木树种如龙眼、人心果、刺柏、苦楝、番石榴、朴树、荔枝、九里香、铁冬青、

黄樟、樟树、乌桕以及灌木植物如桃金娘、华山矾、地桃花、狗牙花等，有重大危害。

研究发现，微甘菊的藤茎一个夜晚可生长 20 厘米，单一株微甘菊就可在数月之内覆盖约 25 平方米的面积。其在温暖潮湿气候条件下的繁殖速度更快。这种生长方式是微甘菊在其侵入地区迅速蔓延的主要原因。

微甘菊，茎细长，匍匐或攀援，多分枝，被短柔毛或近无毛，幼时绿色，近圆柱形，老茎淡褐色，具多条肋纹。茎中部叶三角状卵形至卵形，长 4—13 厘米，宽 2—9 厘米，基部心形，偶近戟形，先端渐尖，边缘具数个粗齿或浅波状圆锯齿，两面无毛，基出 3—7 脉；叶柄长 2—8 厘米；上部的叶渐小，叶柄亦短。头状花序多数，在枝端常排成复伞房花序状，花序渐纤细，顶部的头状花序花先开放，依次向下逐渐开放，头状花序长 4.5—6 毫米，含小花 4 朵，全为结实的两性花，总苞片 4 枚，狭长椭圆形，顶端渐尖，部分急尖，绿色，长 2—4.5 毫米，总苞基部有一线状椭圆形的小苞叶（外苞片），长 1—2 毫米，花有香气；花冠白色，脊状，长 3—3.5（—4）毫米，檐部钟状，5 齿裂，瘦果长 1.5—2.0 毫米，黑色，被毛，具 5 棱，被腺体，冠毛有 32—38（—40）条刺毛组成，白色，长 2—3.5（—4）毫米。

植物

楝叶吴萸

Tetradium glabrifolium (Champ. ex Benth.) T. G. Hartley

　　楝叶吴萸，芸香科，吴茱萸属。别称山漆、山苦楝、檫树、贼仔树、鹤木、假茶辣。乔木。产于中国台湾、福建、湖南、广东、香港、海南、广西及云南。菲律宾、马来西亚、缅甸、日本南部、苏门答腊岛、泰国、印度东北部和越南也有分布。生于海拔500—800米的山区或平地常绿阔叶林中。

　　吴茱萸属约150种，中国有约20种5变种。楝叶吴萸，曾经叫楝叶吴茱萸。现在被改成了"楝叶吴萸"，少了一个"茱"字。王维诗句"遍插茱萸少一人"中的茱萸，通常就是指本属的另一个"兄弟"——吴茱萸。

　　树干通直，抗旱、抗风。木材坚韧，供家具或农具等用，为华南低山地区有发展前途的速生用材树种。种子含油量约26.3%，可制肥

皂、润滑油。根及果药用，可健胃、镇痛、消肿。叶可饲养蓖麻蚕。

棟叶吴萸高达 20 米。奇数羽状复叶；小叶（5—）7—11 片，卵形、卵状椭圆形或斜卵状披针形，长 6—10 厘米，先端稍尾尖，基部楔形，具细钝齿或全缘，下面灰绿色，两面无毛，油腺点不显或极少；小叶柄长（0.6—）1—1.5（—2）厘米。伞房状聚伞圆锥花序顶生，多花。萼片及花瓣均 5 片，稀兼有 4 片；花瓣白色，长约 3 毫米；雄花退化雌蕊短棒状，顶部（4—）5 浅裂；雌花退化雄蕊鳞片状或仅具痕迹。果瓣淡紫红色，油腺点稀少，较明显，果瓣两侧面被短伏毛，内果皮肉质，白色，干后暗蜡黄色，壳质，果瓣径 5 毫米，种子 1。花期 7—9 月，果期 10—12 月。

马缨丹

Lantana camara L.

马缨丹，马鞭草科，马缨丹属。俗称五色梅、七变花、五彩花、如意草、臭草。灌木或蔓性灌木。原产于北美洲热带。中国台湾、福建、广东、广西见有逸生。世界热带地区均有分布。常生于海拔 80—1500 米的海边沙滩和空旷地区。

株高达 2 米。茎枝常被倒钩状皮刺。叶卵形或卵状长圆形，长 3—8.5 厘米，先端尖或渐尖，基部心形或楔形，具钝齿，上面具触纹及短柔毛，下面被硬毛，侧脉约 5 对；叶柄长约 1 厘米。花序径 1.5—2.5 厘米，花序梗粗，长于叶柄；苞片披针形；花萼管状，具短齿；花冠黄或橙黄色，花后深红色。果球形，径约 4 毫米，紫黑色。全年开花。

花美丽，各地庭园常栽培供观赏。根、叶、花可作药用，有清热解毒、散结止痛、祛风止痒之效，可治疟疾、肺结核、颈淋巴结核、腮腺炎、胃痛、风湿骨痛等。

香蒲

Typha orientalis C. Presl

香蒲，香蒲科，香蒲属。多年生沼生草本。分布于中国黑龙江、吉林、辽宁、内蒙古、河北、山西、河南、陕西、安徽、江苏、浙江、江西、广东、云南、台湾等地。菲律宾、日本、俄罗斯及大洋洲等地均有分布。

通常生于水旁或沼泽中。花粉即蒲黄，可入药。叶片可用于编织、造纸等。幼叶基部和根状茎先端可作为蔬食；雌花序可作枕芯和坐垫的填充物，是重要的水生经济植物之一。另外，本种叶片挺拔，花序粗壮，具有较高的观赏价值。

香蒲直立，高1—2米。地下根状茎粗壮，有节。叶条形，宽5—10毫米，基部鞘状，抱茎。穗状花序圆柱状，雄花序与雌花序彼此连接；雄花序在上，长3—5厘米；雄花有雄蕊2—4枚，花粉粒单生；雌花序在下，长6—15厘米；雌花无小苞片，有多数基生的白色长毛，毛与柱头近等长；柱头匙形，不育雌蕊棍棒状。小坚果有一纵沟。

植物

烟草

Nicotiana tabacum L.

烟草，茄科，烟草属。一年生草本。原产于南美洲。中国南北各地广为栽培，是烟草工业的原料，全株可作农药杀虫剂；亦可药用，作麻醉、发汗、镇静及催吐剂。

烟草传入中国，约在明朝万历年间，由吕宋岛传入厦门，所以当时称它为"吕宋烟"。最早的记载，出自明朝万历年间姚旅所著的《露书》："吕宋国出一草，曰淡巴菰，一名曰醺。以火烧一头，以一头向口，烟气从管中入喉，能令人醉，且可辟瘴气。有人携漳州种之，今反多于吕宋，载入其国售之。"形象地描述了当时人们吸食烟草的方式。

烟草高达 2 米。植株被腺毛。叶长圆状披针形、披针形、长圆形或卵形，长 10—30（—70）厘米，先端渐尖，基部渐窄成耳状半抱

茎；叶柄不明显或成翅状。花序圆锥状，顶生。花梗长 0.5—2 厘米；花萼筒状或筒状钟形，长 2—25 厘米，裂片三角状披针形，长短不等；花冠漏斗状，淡黄、淡绿、红或粉红色，基部带黄色，稍弓曲，长 3.5—5 厘米，冠檐径 1—1.5 厘米，裂片尖；雄蕊 1 枚较短，不伸出花冠喉部，花丝基部被毛。蒴果卵圆形或椭圆形，与宿萼近等长。种子圆形或宽长圆形，径约 0.5 毫米，褐色。花果期夏秋季。

植
物

薏苡

Coix lacryma-jobi L.

薏苡，禾本科，薏苡属。俗称菩提子、五谷子、草珠子、大薏苡、念珠薏苡。一年或多年生。分布于中国辽宁、河北、山西、山东、河南、陕西、江苏、安徽、浙江、江西、湖北、湖南、福建、台湾、广东、广西、海南、四川、贵州、云南等地。多生于湿润的屋旁、池塘、河沟、山谷、溪涧或易受涝的农田等地方，海拔 200—2000 米处常见，野生或栽培。分布于亚洲东南部与太平洋岛屿，世界的热带、亚热带均有种植或逸生。

本种为念佛穿珠用的菩提珠子，总苞坚硬，美观，按压不破，有白、灰、蓝紫等色，有光泽而平滑，基端之孔大，易于穿线成串，工艺价值大。但颖果小，质硬，淀粉少，遇碘成蓝色，不能食用。

秆高 1—1.5 米。叶条状披针形，宽 1.5—3厘米。总状花序成束腋生，小穗单性。雄小穗覆瓦状排列于总状花序上部，自琺琅质呈球形

或卵形的总苞中抽出，2—3 枚生于各节，1 枚无柄，其余 1—2 枚有柄，无柄小穗长 6—7 毫米；雌小穗位于总状花序的基部，包藏于总苞中，2—3 枚生于一节，只 1 枚结实。

植
物

柚

Citrus maxima (Burm.) Merr.

　　柚，芸香科，柑橘属。俗称文旦、抛、大麦柑、文旦柚。常绿乔木。中国长江以南各地，最北限见于河南信阳及南阳一带，全为栽培。东南亚各国亦有栽种。

　　柚以果肉风味分为酸柚与甜柚两大类，或以果肉的颜色分为白肉柚与红肉柚两大类，也有以果形分为球形或梨形两大类。但不论酸柚与甜柚都包括白肉与红肉、球形与梨形柚类，甚至还有乳黄色果肉的。红肉柚的果肉有淡红至紫红色。

　　酸柚的果形多为扁圆形或圆球形，果皮较厚，含油分较多，果肉味酸至甚酸，有的尚带苦味及麻舌味。酸柚常用作砧木嫁接柚类。

　　16世纪时期的一些医学著作，还有少数本草著作，曾把柚与橙混淆了，将柚误认为酸橙以至宽皮橘类。至于4世纪时裴渊的《广州记》提及的柚、9世纪时柳宗元的诗文中提到的柚，以及12世纪时《桂海虞衡志》《岭外代答》等著作中提及的柚无疑都是与现今所称的柚同为一个物种。

　　株高达8米。幼枝、叶下面、花梗、花萼及子房均被柔毛。叶宽卵形或椭圆形，连叶柄翅长9—16厘米，宽4—8厘米，先端钝圆或短

尖，基部圆，疏生浅齿；叶柄翅长 2—4 厘米，宽 0.5—3 厘米。总状花序，稀单花腋生。花萼（3—）5 浅裂，花瓣长 1.5—2 厘米，雄蕊 25—35 枚。果球形、扁球形、梨形或宽圆锥状，径 10 厘米以上，淡黄或黄绿色，果皮海绵质，油胞大，凸起，果实心松软。可育种子常为不规则多面体，顶端扁平，单胚。花期 4—5 月，果期 9—12 月。

鱼腥草

Houttuynia cordata Thunb.

　　鱼腥草，三白草科，蕺（jí）菜属。多年生草本。俗称臭狗耳、狗腥草、狗贴耳、狗点耳、独根草、丹根苗、臭猪草、臭尿端、臭牡丹、臭灵丹、臭蕺、臭根草、臭耳朵草、臭茶、臭草、侧耳根、壁虱菜、臭菜、鱼鳞草、猪屁股。产于中国中部、东南至西南部地区，东起台湾，西南至云南、西藏，北达陕西、甘肃。生于沟边、溪边或林下湿地中。亚洲东部和东南部广布。

　　全株入药，有清热、解毒、利水之效，治肠炎、痢疾、肾炎水肿及乳腺炎、中耳炎等。是独具风味的野菜，嫩根茎可食，西南地区百姓常作蔬菜或调味品。目前部分城市菜市场也供给栽培的鱼腥草。

　　株高 15—50 厘米，有腥臭味。茎下部伏地，生根，上部直立，通常无毛。叶互生，心形或宽卵形，长 3—8 厘米，宽 4—6 厘米，有细腺点，两面脉上有柔毛，下面常紫色；叶柄长 1—3 厘米，常有疏毛；托叶膜质，条形，长 1—2 厘米，下部常与叶柄合生成鞘状。穗状花序生于茎上端，与叶对生，长约 1—1.5 厘米，基部有 4 片白色花瓣状苞片；花小，两性，无花被；雄蕊 3，花丝下部与子房合生；雌蕊由 3 个下部合生的心皮组成，子房上位，花柱分离。蒴果顶端开裂。

水竹芋

Thalia dealbata Fraser

　　水竹芋，竹芋科，水竹芋属。俗称水莲蕉、塔利亚、再力花。多年生挺水草本。原产于墨西哥。株高达 2 米以上。叶卵状披针形，浅灰蓝色，边缘紫色，长 50 厘米，宽 25 厘米。复总状花序，花小，紫堇色。

　　植株紧凑，坚挺美观，硕大的绿色叶片状似蕉叶，青翠宜人，看上去感觉很亲切。虽为外来物种，但经过合理的种植和管理，成为了水景绿化的优良草本植物。花序硕大，小花奇特，是水景绿化的优良草本植物。多成片种植于大型水体的浅水处或湿地，或与同属植物配植形成独特的水体景观。然而，在引进和应用过程中，需密切关注其生长态势，防止其过度扩散对本地生态系统造成不良影响。

植
物

朱蕉

Cordyline fruticosa (L.)A. Cheval

　　朱蕉，天门冬科，朱蕉属。俗称红铁树、红叶铁树、铁莲草、朱竹、铁树、也门铁。灌木。原产于中国华南地区。分布于中国南方热带，印度东部向东直至太平洋诸群岛也有。

　　朱蕉株型优雅，色彩华丽，盆栽适用于室内装饰。盆栽幼株，点缀客室和窗台，极具热带风情。成片摆放于会场、公共场所、厅室出入处，清新悦目，端庄整齐。数盆摆设于橱窗、茶室，更显典雅。朱蕉栽培品种繁多，叶形也有较大的变化，是布置室内场所的优选植物。

株高可达 3 米。茎通常不分枝。叶在茎顶呈 2 列状旋转聚生，绿色或带紫红色，披针状椭圆形至长矩圆形，长 30—50 厘米，宽 5—10 厘米，中脉明显，侧脉羽状平行，顶端渐尖，基部渐狭；叶柄长 10—15 厘米，腹面宽槽状，基部扩大，抱茎。圆锥花序生于上部叶腋，长 30—60 厘米，多分枝；花序主轴上的苞片条状披针形，下部的可长达 10 厘米，分枝上花基部的苞片小，卵形；花淡红色至紫色，稀为淡黄色，近无梗，花被片条形，长 1—1.3 厘米，宽约 2 毫米，约 1/2 互相靠合成花被管；花丝略比花被片短，约 1/2 合生并与花被管贴生；子房椭圆形，连同花柱略短于花被。

植
物

朱槿

Hibiscus rosa-sinensis L.

朱槿，锦葵科，木槿属。俗称状元红、桑槿、大红花、佛桑、扶桑、花叶朱槿。常绿灌木。中国广东、云南、台湾、福建、广西、四川等地常见栽培。

朱槿四季常开，花色艳丽，花形优雅。枝丫舒展，叶如桑叶，碧绿透亮，极具热带植物之美。是盆栽和花园绿化的优选植物。

株高约 1—3 米。小枝圆柱形，疏被星状柔毛。叶阔卵形或狭卵形，长 4—9 厘米，宽 2—5 厘米，先端渐尖，基部圆形或楔形，边缘具粗齿或缺刻，两面除背面沿脉上有少许疏毛外均无毛；叶柄长 5—20 毫米，上面被长柔毛；托叶线形，长 5—12 毫米，被毛。花单生于上部叶腋间，常下垂，花梗长 3—7 厘米，疏被星状柔毛或近平滑无毛，近端有节；小苞片 6—7，线

形，长 8—15 毫米，疏被星状柔毛，基部合生；萼钟形，长约 2 厘米，被星状柔毛，裂片 5，卵形至披针形；花冠漏斗形，直径 6—10 厘米，玫瑰红色或淡红、淡黄等色，花瓣倒卵形，先端圆，外面疏被柔毛；雄蕊柱长 4—8 厘米，平滑无毛；花柱枝 5。蒴果卵形，长约 2.5 厘米，平滑无毛，有喙。

植
物

猪屎豆

Crotalaria pallida Ait.

猪屎豆，豆科，猪屎豆属。多年生草本或呈灌木状。俗称黄野百合。产于中国台湾、福建、江西、湖南、广东、香港、海南、广西、云南及四川，生于海拔100—1000米的荒山草地及砂质土壤之中。美洲、非洲、亚洲热带、亚热带地区有分布。

全草药用，有解毒除湿之效。茎叶可作绿肥和饲料。根有解毒散结、消积的功能，叶能清热祛湿，种子有补肝肾、明目、固精的功效。

猪屎豆茎枝圆柱形，具小沟纹，密被紧贴的短柔毛。托叶极细小，刚毛状，早落；叶三出，柄长2—4厘米；小叶长圆形或椭圆形，长3—6厘米，上面无毛，下面稍被丝光质短柔毛，两面叶脉清晰，小叶柄长1—2毫米。总状花序顶生，长达25厘米，有10—40花；苞片线形，长

约 4 毫米，早落。花梗长 3—5 毫米；花
萼近钟形，长 4—6 毫米，5 裂，萼齿三
角形，约与萼筒等长，密被短柔毛；小
苞片长 1—2 毫米，生萼筒中部或基部；
花冠黄色，伸出萼外，长 0.7—1.1 厘米，
旗瓣圆形或椭圆形，长约 1 厘米，翼瓣
长圆形，长约 8 毫米，下部边缘具柔毛，
龙骨瓣长约 1.2 厘米，具长喙，基部边
缘具柔毛；子房无柄。荚果长圆形，长
3—4 厘米，幼时疏被毛，后变无毛，果
瓣开裂后扭转，具 20—30 种子。花果期
9—12 月。

通奶草

Euphorbia hypericifolia L.

通奶草，大戟科，大戟属。俗称小飞扬草、南亚大戟。一年生草本。全草入药，通奶，故名。产于中国江西、台湾、湖南、广东、广西、海南、四川、贵州和云南。近年在北京发现逸生为野生状态的现象。生于荒地、灌丛、田间和铺路砖缝隙。广布于世界热带和亚热带。

通奶草与北方常见的同属植物的锦草很容易混淆。对比而言，通奶草直立，叶长圆形或倒卵形，边缘全缘有细微锯齿。地锦草匍匐地面，叶近乎圆形且小，无齿。

一年生草本，根纤细，长 10—15 厘米，直径 2—3.5 毫米，常不分枝，少数由末端分枝。茎直立，自基部分枝或不分枝，高 15—30 厘米，直径 1—3 毫米，无毛或被少许短柔毛。叶对生，狭长圆形或倒卵形，长 1—2.5 厘米，宽

4—8 毫米, 先端钝或圆, 基部圆形, 通常偏斜, 不对称, 边缘全缘或基部以上具细锯齿, 上面深绿色, 下面淡绿色, 有时略带紫红色, 两面被稀疏的柔毛, 或上面的毛早脱落; 叶柄极短, 长 1—2 毫米; 托叶三角形, 分离或合生。苞叶 2 枚, 与茎生叶同形。花序数个簇生于叶腋或枝顶, 每个花序基部具纤细的柄, 柄长 3—5 毫米; 总苞陀螺状, 高与直径各约 1 毫米或稍大; 边缘 5 裂, 裂片卵状三角形; 腺体 4, 边缘具白色或淡粉色附属物。雄花数枚, 微伸出总苞外; 雌花 1 枚, 子房柄长于总苞; 子房三棱状, 无毛; 花柱 3, 分离; 柱头 2 浅裂。蒴果三棱状, 长约 1.5 毫米, 直径约 2 毫米, 无毛, 成熟时分裂为 3 个分果爿。种子卵棱状, 长约 1.2 毫米, 直径约 0.8 毫米, 每个棱面具数个皱纹, 无种阜。花果期 8—12 月。

植
物

红花羊蹄甲

Bauhinia × *blakeana* Dunn

红花羊蹄甲，豆科，羊蹄甲属。乔木。华南地区广泛栽培。在世界各地广泛栽植。

整株分枝多，小枝细长，被毛。叶革质，近圆形或阔心形，长8.5—13厘米，宽9—14厘米，基部心形，有时近截平，先端2裂约为叶全长的1/4—1/3，裂片顶钝或狭圆，上面无毛，下面疏被短柔毛；基出脉11—13条。叶柄长3.5—4厘米，被褐色短柔毛。总状花序顶生或腋生，有时复合成圆锥花序，被短柔毛；苞片和小苞片三角形，长约3毫米；花大，美丽；花蕾纺锤形；萼佛焰状，长约2.5厘米，有淡红色和绿色线条；花瓣红紫色，具短柄，倒披针形，连柄长5—8厘米，宽2.5—3厘米，近轴的1片中间至基部呈深紫红色；能育雄蕊5枚，其中3枚较长；退化雄蕊2—5枚，丝状，极细；子房具长柄，被短柔毛。通常不结果。

花期为全年，3—4月为盛。

植
物

慈竹

Bambusa emeiensis L. C. Chia & H. L. Fung

　　慈竹，禾本科，簕竹属。原产于中国西南。竿高 5—10 米，梢端细长作弧形向外弯曲或幼时下垂如钓丝状，全竿共 30 节左右，竿壁薄；节间圆筒形，长 15—30（—60）厘米，径粗 3—6 厘米，表面贴生灰白色或褐色疣基小刺毛，其长约 2 毫米，以后毛脱落则在节间留下小凹痕和小疣点；竿环平坦；箨环显著；节内长约 1 厘米；竿基部数节有时在箨环的上下方均有贴生的银白色绒毛环，环宽 5—8 毫米，在竿上部各节

之箨环则无此绒毛环，或仅于竿芽周围稍具绒毛。

箨鞘革质，背部密生白色短柔毛和棕黑色刺毛（唯在其基部一侧之下方即被另一侧所包裹覆盖的三角形地带常无刺毛），腹面具光泽，但因幼时上下竿箨彼此紧裹之故，也会使腹面之上半部沾染上方箨鞘背部的刺毛（此系被刺入而折断者），鞘口宽广而下凹，略呈"山"字形；箨耳无；箨舌呈流苏状，连同繸毛高约1厘米许，紧接繸毛的基部处还疏被棕色小刺毛；箨片两面均被白色小刺毛，具多脉，先端渐尖，基部向内收窄略呈圆形，内卷如舟状。

竿每节约有20条以上的分枝，呈半轮生状簇聚，水平伸展，主枝稍显著，其下部节间长可10厘米，径粗5毫米。末级小枝具数叶乃至多叶；叶鞘长4—8厘米，无毛，具纵肋，无鞘口繸毛；叶舌截形，棕黑色，高1—1.5毫米，上缘啮蚀状细裂；叶片窄披针形，大都长10—30厘米，宽1—3厘米，质薄，先端渐细尖，基部圆形或楔形，上表面无毛，下表面被细柔毛，次脉5—10对，小横脉不存在，叶缘通常粗糙；叶柄长2—3毫米。

花枝束生，弯曲下垂，长20—60厘米或更长，节间长1.5—5.5厘米；假小穗长达1.5厘米；小穗轴无毛，粗扁，上部节间长约2毫米；外稃宽卵形，长8—10毫米，具多脉，顶端具小尖头，边缘生纤毛；内稃长7—9毫米，背部2脊上生纤毛，脊间无毛；鳞被3，有时4，形状有变化，一般呈长圆兼披针形，前方的2片长2—3毫米，有时其先端可叉裂，后方1片长3—

4毫米，均于边缘生纤毛；雄蕊6，有时可具不发育者而数少，花丝长4—7毫米，花药长4—6毫米，顶端生小刺毛或其毛不明显；子房长1毫米，花柱长4毫米或更短，具微毛，向上呈各式的分裂而成为2—4枚柱头，后者长为3—5毫米（彼此间长短不齐），羽毛状。

果实纺锤形，长7.5毫米，上端生微柔毛，腹沟较宽浅，果皮质薄，黄棕色，易与种子分离而为囊果状。笋期6—9月或自12月至翌年3月，花期多在7—9月，但可持续数月之久。

慈竹是最普遍生长的竹种之一。现多见于农家房前屋后的平地或低丘陵上，野生者似已绝迹。用途甚广。竿可劈篾编结竹器，亦可用于简陋建筑物的竹筑墙，以及利用其竹筋和拌石灰粉刷墙壁；箨鞘可作缝制布底鞋的填充物。笋味较苦，但水煮后仍有供蔬食者。

植
物

参考文献

[1] 陈嵘主编 . 中国树木分类学 [M]. 上海：科学技术出版社，1959.

[2] 中国科学院植物研究所 . 中国高等植物图鉴：第一册 [M]. 北京：科学出版社，1972.

[3] 中国科学院植物研究所 . 中国高等植物图鉴：第二册 [M]. 北京：科学出版社，1972.

[4] 中国科学院植物研究所 . 中国高等植物图鉴：第三册 [M]. 北京：科学出版社，1974.

[5] 郑万钧 . 中国树木志 [M]. 北京：中国林业出版社，2004.

[6] 邢福武，陈坚，曾庆文，等 . 东莞植物志 [M]. 武汉：华中科技大学出版社，2017.

[7] 马骥，唐旭东 . 岭南药用植物图志 [M]. 广州：广东科技出版社，2018.

[8] 中国科学院昆明植物研究所 . 南方草木状考补 [M]. 昆明：云南民族出版社，1991.

后记·一

岭南花果香，松湖草木深。

鸟鸣松山湖，花重科学城。

松山湖，地处珠三角腹地和大湾区广东省东莞市中部。2001年设立产业园区，2010年升格为国家级高新区，2015年入围珠三角国家自主创新示范区，2018年规划建设松山湖科学城，2020年松山湖科学城纳入大湾区综合性国家科学中心先行启动区。

松山湖，始终坚持一张蓝图干到底，践行"科技共山水一色，新城与产业齐飞"的发展理念，从一片荔枝林出发，实现了从"园"到"城"的华丽"蝶变"。不仅成为东莞高质量发展的核心引擎和粤港澳大湾区的一颗"科创明珠"，而且成功留住了良好的生态本底和自然禀赋。

巍峨山下，松山湖畔，自然山水与科技人文相融、"科技蓝"交融"湖山绿"，一幅山水相依、人水相亲、城水相融、"科技共山水一色"的实景画卷徐徐展开，成为松山湖独特的

447

城市名片，成为"绿水青山就是金山银山"在东莞的生动实践样本。

松山湖，具有明显的亚热带季风气候特征，长夏无冬，光照充足，雨量丰沛，温度变幅小，干湿季分明。植被具有从热带到亚热带过渡的区域特点，涵盖了常绿阔叶林、低地常绿季雨林、人工林、湿地沼生植被、灌丛、草丛以及热带瓜果、栽培花木等，类型多样，层次丰富，生态价值高，调节功能强。

松山湖，拥有8平方千米的淡水湖面、6.5平方千米的国家湿地、14平方千米的生态绿地、226千米长的生态绿道，绿化覆盖率超过60%，获评国家4A级旅游景区、"全国绿化模范单位"、广东省"林长绿美园"（松山湖科学公园）等荣誉，为最大限度保护和涵养生物多样性留下宝贵的自然空间和制度保障。

松山湖，对森林湿地资源的保护力度不断加大，野生动物栖息地稳定性不断提升，大量珍稀动物繁衍生殖。截至2022年底，共调查到651种植物、150多种鸟类，鸟类数量约占东莞市一半，包括国家一级保护动物东方白鹳，二级保护动物黑翅鸢、褐翅鸦鹃等。良禽择木而栖，日渐丰富的"生物库"，成为松山湖生态环境日渐向好、生物多样性日渐丰富的有力证明。

松山湖，山水相连、湖林交融，生态美景巧妙地融入产城融合的每一个角落，生态与经济和谐共生，"科技蓝"和"生态绿"成为高质量发展的鲜明底色，"出门入园，推窗见绿"的美好生活场景、宜业宜居宜研宜创的科学之城，全面构筑"半城山色半城湖"的绿美生态空间格局，在绿美生态建设的推进下加速成形。

走进松山湖，犹如一览自然而无雕饰的书卷与画卷。山不在高，湖不在深。有科学与产业在这里汇聚，有丰草与嘉树在这里兴旺。自然大美不言，天人合一有据。自然与科学亲近友好，草木与人文共生一城。一座岭南风景区里的高新科技新城，也是一块人才汇聚、科技创新、服务周到的大湾区风水宝地。

这就是松山湖，令人印象深刻。

为推广松山湖绿色生态、宜居创业的人文环境，展示松山湖对外城市形象，推进松山湖文化事业发展，我们在2019年邀请诗人、摄影家、博物学者莫非老师及其团队走进松山湖开展《松湖草木》创作。创作团队克服重重困难，查阅资料参考求证，实地走访拍摄记录。虽然没能全面记录松山湖的一草一木，但精选完成了200种植物的拍摄、科普文字撰写和60首诗歌等内容的创作，实属是一项难度较大的工作。《松湖草木》不仅凝结了松山湖20多年来生态建设成果，而且展示了松山湖自然美好的未来。我们希望《松湖草木》是一册有温度、有诗意、有特色的博物之书，能给读者带来植物神奇之美、自然朴素之气，帮助读者打开松山湖的植物世界，引领读者走进松山湖。

在本书创意之初、实地植物拍摄和成书过程中，时任松山湖高新区管委会副主任曾莉（现任东莞市委宣传部副部长）提供了很多帮助和宝贵的专业建议，为本书得以完稿付出了很多心血。松山湖高新区管委会宣传文化、城市规划、城市管理、生态环境、林业管理等相关部门的通力合作和东莞市摄影家协会松山湖分会的协助使本书的编著工作得以顺利完成。东莞市林业局对本书的出版和宣传推广提供了诸多建议和支持。国家图书馆出版社在本书的设计、编辑、审核、印刷等过程中给予的精心安排和高度责任感确保了本书高质量出版。可以说，本书是热爱松山湖、热爱自然美的有识之士共同努力的结果。

万物皆有诗意，如花在野，如沐晨光。

松山湖因创新而生，依创新而兴，靠创新而强，也因湖而生，因湖增绿，因绿聚才。

2020 年在松山湖举办的"《十月》年度中篇小说榜"颁奖仪式上，中国作家协会副主席、评论家李敬泽说："松山湖不仅应该是技术的湖、工业的湖、制造的湖，同时应该是文化和精神的湖。"我们相信，在各级政府的领导和关怀下，在社会各界的关心和支持下，在松山湖人的坚守和耕耘下，松山湖未来不仅会有更好的科技和自然环境，也会有更丰富的人文和文化底蕴。我们期待在《松湖草木》之后有更多更好的作品呈现给读者。

《松湖草木》编委会

2024 年 6 月

　　"绿美东莞·品质林业"是东莞林业系统按照广东省委、东莞市委绿美生态建设部署，在东莞长期坚持的城市定位引领下，结合新时代新形势新要求，明确当前及今后一个时期的战略任务和价值追求。未来一段时间，东莞市林业局将以绿美生态建设为牵引，不断提升林业系统各项工作品质，为培育千万人口的绿美生态家园意识作出林业贡献，为东莞经济社会发展提供高质量林业保障。

　　按照"一年开局起步、三年初见成效、五年显著变化、十年根本改变"的工作要求，东莞市林业局以提升全社会林业科学素养为小切口，结合东莞生物多样性的绿色本底，组织编印"绿美东莞·品质林业"系列书籍，普及林业科学及绿美东莞生态建设知识，希望该系列书籍能为绿美东莞生态建设提供科学支撑，也为更好地动员社会力量参与绿美生态建设营造浓厚氛围。

《绿美东莞·品质林业》编委会

2024 年 1 月

451

图书在版编目（CIP）数据

松湖草木 / 东莞松山湖宣传教育文体旅游局编著 . -- 北京：
国家图书馆出版社 , 2025.1 -- ISBN 978-7-5013-8295-8

Ⅰ. Q948.526.53-49

中国国家版本馆CIP数据核字第20249SA069号

书　　名　松湖草木

著　　者　东莞松山湖宣传教育文体旅游局　编著

责任编辑　王燕来　闫　悦

特邀审稿　焦玉伟

装帧设计　 文化·邱特聪

出版发行　国家图书馆出版社（北京市西城区文津街 7 号　100034 ）

　　　　　（原书目文献出版社　北京图书馆出版社）

　　　　　010-66114536　63802249　nlcpress@nlc.cn（邮购）

网　　址　http://www.nlcpress.com →投稿中心

印　　装　东莞市信誉印刷有限公司

版次印次　2025 年 1 月第 1 版　2025 年 1 月第 1 次印刷

开　　本　787×1092　1 / 16

印　　张　29.5

书　　号　ISBN 978-7-5013-8295-8

定　　价　168.00 元